新零售浪潮

全球視野下的零售革命

當產業進入消費者主權時代
關於零售巨頭的策略解析與趨勢預測！

無印良品 × 星巴克 × IKEA × 雀巢咖啡 × 聯合利華

分析歐洲零售巨頭的策略，展望 O2O 轉型；
談全通路零售模式，塑造數位化零售新圖景；

以人為本、精細管理、系統行銷、購物體驗……
從傳統到未來的商業演進，揭密零售業的轉型策略和創新實踐！

目錄

目錄

自序

　　本書創作期間歷經七八次修改、增減，坦白地說，這本書凝結了我多年職業生涯的管理諮詢經驗以及我兩年來的創作心血，在沉澱兩年之後，本書終於付梓出版，即將與讀者見面，此刻我感慨頗多！

　　身為一名長期致力於企業管理諮詢服務的實踐者、零售業的觀察者和從業者，在我的職業生涯中曾接觸過許多零售企業的案例，累積了大量的素材。按理說，這本書創作起來應該並不困難，然而在創作初期，我對自己的書稿內容依然感到不甚滿意，於是不斷地修繕、潤色、推倒重來……歷經反覆！我總希望，這本書所涵蓋的資訊能夠給零售企業管理者，以及歐洲華商群體帶來一些切實有效的幫助。

　　之所以提到歐洲華商群體，是因為我就是這個群體中的一員。我 14 歲的時候隨父母一起移居西班牙首都 —— 馬德里。1920 年代，祖父曾旅居法國長達 20 多年，而後回國。

　　初到歐洲時，不僅要適應來自地區、文化、語言、觀念等方面的差異和衝突，而且還面臨著來自生活上的壓力。跟許多在歐洲奮鬥的華人一樣，全家定居馬德里後，我也開始了自己半工半讀的生涯，曾在中餐廳做過洗碗工，送過外送，也做過餐廳服務生；後來，父親在西班牙開設了食品加工廠，我就利用課餘時間幫助父親經營他的事業。

　　2012 年，我順利完成了西班牙 IESE 商學院的課程，成立了一家諮詢管理公司。公司的業務範圍主要是針對在歐洲華人創辦的小型公司所涉及的行銷企劃、人力資源、財務規劃的諮詢服務，以及嵌入式管理服務。我們服務的顧客主要包括歐洲進出口貿易公司、批發公司、零售店以及連鎖超市等。

之所以創立這麼一家諮詢服務機構，是希望透過自己的一點力量，建立起亞洲與歐洲的商業貿易橋梁，同時也為歐洲華商群體貢獻一份微薄之力，讓小公司不需要花太多的費用，也能夠擁有大公司那種制度化、標準化的管理體系，促進企業的持續經營和發展。

因此，我特別希望本書能夠給零售產業的企業管理者和創業者帶來一些可供借鑑的東西。對於本書，我不敢說它是一套「放之四海皆準」的管理模式，但裡面闡述的內容囊括了我十多年的管理諮詢經驗，涉及到許多著名零售企業的真實案例。就本書的內容來看，我還是感到非常滿意。可以說，這本書是我用「心」創作出來的，與市面上粗製濫造的編撰類圖書有著根本上的區別。

最後，我要特別感謝一個人，那就是我的母親。對我來說，母親不僅給予了我生命，而且在我的成長道路上給予我無微不至的呵護和照顧。更重要的是，在她的意識影響下，讓我懂得了許多做人的道理。從我孩提時代起，母親就對我要求非常嚴格，這也培養了我獨立、堅忍的性格。她常說，在生活上與比自己差的人比，工作上與比自己強的人比，自然就會成長。正是由於母親的教誨，才鼓起我奮發的勇氣，鞭策著我向人生的更高層次邁進！

謹以本書獻給我摯愛的母親！祝她永遠健康、幸福快樂！

陳望

前言

零售業，與我們每個人的生活息息相關。在全球零售業 150 年的商業歷程中，曾孕育了沃爾瑪（Walmart Stores）、家樂福（Carrefour）、麥德龍（Metro AG）等一大批零售大廠，也創造了百貨、超市、便利商店、批發市場等 20 餘種零售業態。每一次零售業的改革，都會催生出新型的零售業態，同時也極大地促進和改善了我們的生活。

時移世易，無論是品牌塑造還是競爭環境，無論是消費者的購物習慣還是總體的經濟環境，都已經發生了巨大的變化，零售業面臨著越來越多的難題：零售終端越來越多，商品銷量越來越低，陳列越來越差，賣場收費越來越高，促銷效果越來越差……縱觀近年來零售產業的發展現狀，其成長趨勢不容樂觀：零售戰爭、轉型、關店潮、倒閉潮、裁員潮、斷裂等故事在全球零售舞臺上不斷上演。

毋庸置疑，全球零售業正處於一個明顯的改革時期。隨著網際網路的發展和普及、年輕消費族群的崛起，以及消費者客製化需求的與日俱增，傳統的消費市場形態、結構和消費主體正面臨著前所未有的顛覆性衝擊……

縱觀整個零售業，通常每隔 50 年就會面臨一次重新洗牌。每當一波改革浪潮來臨之際，舊有的零售模式雖未完全消亡，卻無法阻擋全新的零售形態崛起，也徹底改變了顧客的消費需求。而對於傳統零售商而言，倘若拒絕適應新的變化，延續舊有的經營理念和商業模式，就會面臨消亡的厄運。

（1）旅遊零售

近年來隨著國際旅遊業的蓬勃發展，出境旅遊度假的群體越來越多，因而也極大地刺激了零售業的發展。調查顯示，法國 160 億歐元的奢侈品

零售市場中，一半以上的銷售收入來自於世界各地的遊客。為推動零售成長，零售商將繼續迎合高消費性遊客，尤其是來自新興市場的遊客。

（2）行動零售

目前 83% 的網際網路使用行為都是透過手機等行動裝置完成的。而網際網路技術的發展和電商的成熟，使得越來越多的顧客已經習慣了網路購物。對此零售商需要積極應對，實現由傳統零售向行動 O2O（Online to Offline）的轉型升級。

（3）輕便零售

高效方便是零售業的一個重要趨勢。這包括：以「快、準、狠」為主要特徵的快時尚，確保在最短時間內上架最新的產品；限時產品和限時搶購，推動產品的購買速度；彈出式商店，以最快的速度將產品和服務推向市場，透過口碑傳播建立品牌；自主結帳和終端，給顧客帶來輕鬆愉快的購物體驗。

（4）體驗式零售

零售並不僅僅是賣產品，而是一種體驗。在體驗經濟模式下，企業從消費者的日常生活情境出發，為消費者塑造其追求的生活方式的感官體驗環境，在此基礎上刺激消費者的情緒抒發和靈感創造，並鼓勵消費者積極行動，最終讓消費者融入相同生活方式的群體，在這裡找到歸屬感。

（5）創新零售

激烈的市場競爭、破壞式創新、強勢的顧客等因素不斷顛覆著零售市場，一些具有創新意識的零售商已經在拓展新的業務領域，如沃爾瑪、ZARA、家樂福等零售企業已經初步實現了全通路布局，在顧客體驗、品

類結構、供應鏈等方面做了大膽的創新。

由此不難看出，一場由消費者主導的零售革命正在到來，這必然會給全球零售業帶來難以想像的鉅變。而在過去數年間零售業的變化趨勢中，我們似乎也能看到未來零售業的新藍圖：我們已經進入了消費者主權時代，零售商需要給消費者提供極致的個別化消費體驗，徹底實現由企業單向思維向企業與顧客互動思維的轉變，真正滿足消費者的購物需求。

身為一名長期致力於企業管理諮詢和培訓服務的實踐者，我在提供管理諮詢服務給一些零售企業時，許多小型零售企業的老闆都曾對我提出這樣的問題：「對於我們傳統實體店來說，如何積極應對網際網路帶來的衝擊呢？」

事實上，數位化零售浪潮雖然是大勢所趨，但電商時代的來臨是否就意味著傳統實體店鋪的萎縮呢？答案顯然是否定的！因為消費者的需求是多元化的，網購雖然具有方便、快速、高效等優勢，但傳統實體店則擁有品牌、通路、體驗消費等線下優勢，這是網購所無法提供的。因此，就長遠來看，傳統零售與電商零售是優勢互補、融合發展的關係。

基於以上觀點，我根據自身的管理諮詢經驗，結合自己對零售產業的觀察和思考，以拋磚引玉的方式撰寫了本書。本書從全球零售業發展趨勢、傳統零售轉型與謀變、全通路零售的營運管理、零售企業系統行銷策略、精細化管理、店鋪形象、財務管理與控制、員工管理模式 8 個方面入手，試圖以全面、系統的視角深入解讀零售產業的發展、營運及未來零售趨勢，以期給業界同仁帶來一點幫助和啟示。

陳望

Part1

新零售主義：

消費者主權時代，探索全球零售業的未來之路

── 通往歐洲市場之路：

歐洲零售大廠及其經營策略概述

經濟全球化、一體化程度的加深，使得任何企業要想獲得長遠的發展就必須投身到激烈的國際競爭之中。隨著貿易壁壘的拆除，越來越多的零售企業開始進軍國際市場，德國麥德龍、法國家樂福等歐洲著名的零售企業在國際零售市場中已經占據了重要的地位，並表現出了明顯的發展趨勢。

一方面，歐洲零售市場的集約化程度越來越高，根據最新的統計資料，40多家零售大廠所占據的市場占有率高達62%；另一方面，為了占有更高的市場占有率，零售大廠們不斷擴大在全球的商業網絡和採購規模，並拓展經營領域，例如麥德龍和家樂福在創立的初始階段都是以經銷食品為主，而現今非食品類商品在他們的營業額當中所占的比例不斷提高。

下面，我們就對歐洲零售市場的概況和零售大廠的經營策略進行分析，以探索歐洲零售業的發展之路，為零售企業進軍歐洲市場提供參考和借鑑。

▌歐洲超市的最新發展狀況及其特點分析

1. 市場占有率高度集中、經營差異化明顯

歐洲零售市場的整體發展狀況已經非常成熟，具體表現在以下兩個方面。

其一，市場占有率高度集中。例如，瑞士零售市場超過 50% 的市場占有率被排名前兩位的米格羅（Migros）和庫普（Coop）占據；而英國日用品零售額的 30% 和零售總額的 12% 被特易購（Tesco）所占據。

其二，經營差異化明顯。一般來說，零售市場的發展越成熟，不同超市的毛利率、商品類別、店鋪定位等方面的差別越大。例如，法國的兩大零售商 —— 家樂福和勒克萊爾（Leclerc）的顧客定位分別為中高階顧客和低階顧客，二者在店鋪外觀和商品陳列等方面給人的感覺也非常不同。

2. 市場細分程度高、專賣店水準發達

歐洲零售市場的細分程度非常高，如量販店、超市、Outlet、百貨公司等業態極為清晰，而且發展也已經相對成熟。

在以上提到的各種零售業態當中，專賣店的經營模式多是由大的零售集團衍生而來，水準已經十分發達。例如，米格羅斯是瑞士第二大超市集團，每年的營業額超過 100 億歐元，集團下有食品超市（占集團營業額的 70% 左右）、家居專賣店、體育用品專賣店、家電專賣店、園藝專賣店等。而在每個專賣店當中，其產品類別又會進一步細分，以園藝店為例，鮮花可分為常溫種植和溫室種植兩大類。

3. 注重技術的實用性、電子標籤應用廣泛

歐洲零售產業的特點之一，即注重技術的實用性。例如，在歐洲的零售超市當中，電子標籤的應用已經非常廣泛，以家樂福為例，約 15% 的商品都採用了這一技術，其中易腐爛和高價值商品的使用比例則更高。與超市通常採用的無線射頻辨識（Radio Frequency Identification，簡稱 RFID）技術相比，電子標籤不僅更加易於操作，而且投入成本更低，更容易展現投入產出的價值，因此更適應大賣場供應鏈的特點。

另外，歐洲超市普遍配備了店內商品查詢裝置，這些裝置雖然只有POS 機大小，但功能卻十分強大，不僅可以進行價格查詢，而且在連線網路的條件下，透過掃描商品的條碼還可以了解商品的成分、產地、生產商等背景資訊，不用的時候也可以掛在牆上，使用方便又節約空間。

4. 平價商店大行其道、自有品牌的重要性突顯

由於最近幾年歐洲經濟的增速放緩，因此消費者更加注重商品的實際價值，品牌意識逐漸淡化。在這樣的背景下，平價商店便越來越受到消費者的青睞。歐洲比較有代表性的平價商店有兩類：一類是以奧樂齊（Aldi）等為代表的平價商店，其經營品種較少且店面面積比較小；另一類是以凱斯科（Kesko）等為代表的批發零售。例如，利多超市（Lidl）的總公司，德國 Schwarz 集團在歐洲開設的平價商店已經超過 6,000 家，其店面的平均面積僅 500 平方公尺，店內商品品種只有 700 種左右。除平價商店外，自有品牌也能夠比較好地滿足消費者對商品價值的需求。相關的統計資料顯示：歐洲零售市場自有品牌的平均市場占有率約為 23%，每年的平均成長率為 4%。以瑞士第二大超市集團米格羅為例，自有品牌的營業額占到公司銷售總額的 90% 以上；而德國著名零售商利多超市所經營的商品也大部分為自有品牌，每個單品都有極強的價格優勢。

5. 加油站便利商店生意興隆

在歐洲零售市場，加油站便利商店是唯一可以全天營業的一種零售業態，因此其先天的優勢已經非常突出，加之歐洲大部分國家住宅較為分散且汽車普及率高，由此也就導致了歐洲加油站便利商店的生意興隆。雖然加油站便利商店人員等營業成本較高，但客流量比較穩定，而且一般商品的價格最少比普通超市高出 1/3，因此其營運的效果依然比較理想。

綜上可以看出，雖然在硬體方面零售企業已經有了很大的進步，但如果要進軍歐洲零售市場，國內零售企業還需要在品類管理、技術應用等軟體方面多借鑑國外優秀零售商的先進經驗。

▌歐洲零售大廠的經營策略分析

1. 集約化程度

隨著來自英國、法國和德國的零售集團在歐洲 50 強中的地位進一步鞏固，歐洲零售市場的集約化程度越來越高。在歐洲排名前十的零售企業當中，英國、德國和法國的零售大廠數目最多，其營業額占到整個歐洲零售市場占有率的 41% 左右。

在歐洲零售企業當中，營業額占據前三位的分別為瑞典的 H & M，瑞典的 IKEA 和西班牙的 ZARA，如表 1-1 所示。

表 1-1 歐洲零售品牌 TOP10 排行榜

排名	公司（總部所在地）	商店名稱	商店總數	營業額（百萬美元）
1	H&M（瑞典）	H&M	1500	18168
2	IKEA（瑞典）	IKEA	311	13818
3	ZARA（西班牙）	ZARA	6249	10821
4	家樂福（法國）	Carrefour	11000	10299
5	樂購（英國）	TESCO	4300	9042
6	瑪莎百貨（英國）	M&S	800	5633
7	歐尚集團（法國）	Auchan	600	3697
8	博姿（英國）	Boots	1400	3376
9	奧樂齊（德國）	ALDI	9000	2940
10	絲芙蘭（英國）	SEPHORA	1665	2143

資料來源：http://ww.linkshop.com.cn/web/oversea_show.aspx?ArticleId ＝ 286346

零售市場集約化程度最高的兩個國家,分別為挪威(四大零售大廠的市場占有率高達98.6%)和法國(歐洲零售十強企業的市場占有率為97.6%);奧地利、比利時、瑞典、盧森堡、瑞士和波蘭的集約化程度也均超過90%。集約化程度最低的兩個國家,分別為波蘭(歐洲零售十強企業的市場占有率只有27.5%)和義大利(歐洲零售十強企業的市場占有率為42.2%)。

由於營業面積、商品種類和經營方式的不同,歐洲的零售企業一般可以分為以下三大類,如圖1-1所示。

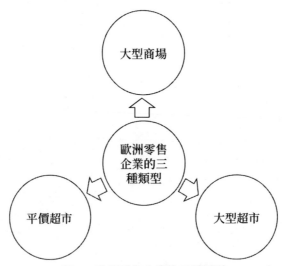

圖 1-1 歐洲零售企業的三種類型

★ 大型自選商場(Large Free Store)。營業面積在 1,500 平方公尺以上,商品種類最多。

★ 大型超市(Super Store)。營業面積在 800 平方公尺至 1,500 平方公尺之間。

★ 平價超市(Parity Surpermarket)。

2. 對外擴展方式

由於追求規模經營和高利潤率，以及迫於市場飽和的壓力，歐洲的零售大廠往往在發展到一定階段後，都採取了「走出去」的策略。歐洲40多家零售大廠所占據的市場占有率已經達到了62%。

至於「走出去」的方式，主要有以下幾種，如圖1-2所示。

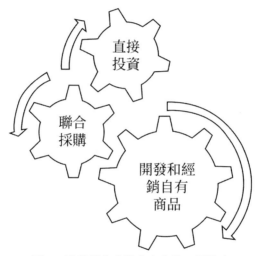

圖1-2 歐洲零售企業走出去的三種策略

★ 直接投資。在國外選址，建設現購自運、平價超市、大型自選商場等連鎖店。

★ 聯合採購。與其他零售商合作，透過貿易公司進行採購。

★ 研發和經銷自有商品。

3. 歐洲大型商業集團的採購通路

雖然經營的商品品類、營運的方針以及行銷策略各不相同，但是經過較長時間的發展和探索，各大零售大廠均建立了自己的採購通路。

Part1
消費者主權時代，探索全球零售業的未來之路

　　隨著經濟全球化、一體化的加劇，歐洲的零售大廠必然還會尋求更多的國際合作，以提高自己的市場占有率。它們合作的形式一般會有以下幾種。

★ 合作行銷。與產品的生產商聯合推出行銷活動，提高當地消費者的購買欲。

★ 聯合研發歐洲商標。利用已有的商業資源，研發消費者認可的商品，然後進行統一包裝。

★ 建立歐洲物流中心。為了減少物流成本、縮短物流週期，與其他歐洲零售大廠合作建立共同的物流中心。

━━ 顛覆 VS 重構：
電商圍剿下，未來傳統零售的五大趨勢

　　網際網路電商的崛起不可避免地侵蝕了傳統實體零售的顧客和市場，具體表現為通路成本的博弈和消費者購物習慣的轉移。儘管侵蝕不斷加劇，但電商無法真正取代實體零售。隨著零售業的繼續發展，線上交易和實體業務會不斷融合，在這個過程中，傳統零售業面臨的最大威脅不是來自於電商的競爭，而是源於對零售趨勢的誤解。

　　總體來說，未來零售業呈現出五大趨勢，其中在技術上呈現出實與虛、小與大的不同趨勢，這兩個趨勢都是流通生產力推動的結果；從順應消費者的消費結構與偏好的變化來看，未來零售業呈現軟與硬、長與短的區別；從零售產業的自覺與自律方面，呈現出遠與近的趨勢。

▋趨勢之一：「實與虛」

　　進入資訊時代，消費者越來越不在意通路的概念，很多交易過程跨越了幾個不同的通路。零售店家為了迎合消費者全通路購物的需求，開啟了全通路零售模式。這一模式的開啟，意味著傳統零售商的市場統治時代走向終點。

　　習慣於線上購物的消費者、零售商和供應商是全通路零售的構成要素，其中消費者是整個零售模式的起點，線上訂購商品；零售商的具體營運必須覆蓋消費者購物決策的整個過程，為消費者提供一體化的「全程購物決策方案」；對供應商的整合是全通路零售模式的重要環節，也是改變

的最大環節，供應商必須對零售商的需求做出迅速的反應，才能保證全通路模式的高效。

在打造全通路零售模式的過程中，無論是實體零售還是網際網路線上零售，都要對消費者進行及時的服務，彌補各自的劣勢，最終實現二者的融合，那時，傳統零售業就完成了零售模式的重塑。在這個過程中，實體零售商也會遇到各種問題，如圖 1-3 所示。

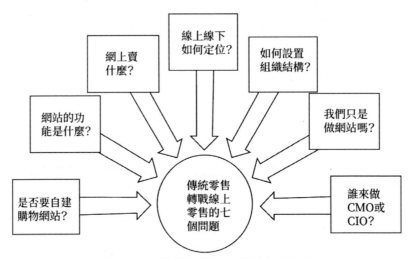

圖 1-3 傳統零售轉戰線上零售的七個問題

1. 是否一定要自架購物網站？

傳統零售商對架網站這個問題一直心存忐忑，擔心不架網站的話會被這個資訊社會拋棄，而架了網站經營不好也一樣被淘汰。架與不架，零售產業並沒有定論。

在選擇了自架網站的零售商中，網站的定位也面臨著不同的選擇。例如王府井百貨、銀泰百貨等較早開始嘗試電商業務的老牌零售百貨企業，將網站定義為資訊通路，以此為基礎建立與實體零售緊密結合的完整的網路服務

體系，最終實現全通路銷售；而像杭州大廈、甘家口商廈等企業，則更注重網站的「銷售通路」職能，直接將網站架設作為精準行銷的重要手段。

然而，無論是選擇哪種功能定位的自架網站，從目前網站的執行情況來看都鮮有成功者。自架網站首先遭遇的就是流量問題，沒有流量，網站也就沒有作用，而網站流量是靠資本推動的，零售商若想要網站真正產生作用，就必然要投入大量資本來吸引流量，這顯然是不合算的，尤其對於資源有限的中小型零售商來說，自架網站不是可行之路。

沒有自架網站的零售商不在少數，零售商要轉型，必須透過新媒體建立與消費者的連繫。這類企業大多直接將成功的電商作為線上銷售的通路，充分利用成熟電商平臺的流量來進行自己的線上銷售業務。從目前來看，這種方式顯然更適合零售業的轉型。

2. 如果架網站，網站的功能是什麼？

在銷售通路之前，網站首先是類似於 Facebook、X（前身為 Twitter）這樣的社群網站，它最基礎的功能就是傳遞訊息。有些零售商的自架網站連基本的資訊溝通功能都沒有做好，更不用提其他的功能了。

3. 網站上賣什麼？

如果零售商自架了網站，並且基本功能都已設定完成，把網站定位為線上銷售通路，那麼下一步就要考慮在網站上賣什麼東西。鑑於零售商並沒有商品所有權，而且也不具備單品管理能力，導致線上與線下的無縫融合很難實現，因而單純地把庫存搬到網站行不通。而且各實體零售店之間的經營模式和內容都十分相似，單純把庫存搬到網站上的話，網站之間更沒有差異。沒有差異化優勢，網站用什麼來吸引流量？

4. 線上線下如何定價？

無論是線上網站定價，還是線下實體店定價，都與供應商的供貨體系和價格體系密不可分，上游供應商甚至能決定零售商是否能做線上業務。另外，即便做線上業務，零售商也要考慮商品以及價格是否有差異化優勢，沒有差異化就很難吸引到顧客。

5. 線上線下如何設定組織結構？

很多零售商聘請專門的獨立團隊負責線上業務，透過一些關鍵業績指標來衡量團隊的績效。線上線下分別由不同的團隊營運，採用不同的績效系統，二者互不相干。這樣發展下去，線上線下的融合難以實現，與全通路零售的目標相背離。

6. 我們只是做網站嗎？

對於區域型實體零售商來說，他們一般不具有價格優勢，基於之前的分析，自架網站並不是一個好的方案。對於這類店家來說，打通線上通路並不只有這一個選擇，與成熟的電商合作也是可行之法。

一方面，大型電商正努力拓展線下實體業務，但面臨空間成本、配送成本等一系列問題；另一方面，實體零售商要打通線上通路，尋求成熟的線上銷售平臺。二者合作可以截長補短，實現雙贏局面。事實上，已經有很多連鎖便利商店開始了與大電商在供貨與物流方面的合作。

7. 誰來做 CMO 或 CIO？

傳統零售商轉型做全通路零售是這個時代特有的產物，是大勢所趨，也是時代給予零售產業的機會。由於沒有成熟的經驗可以借鑑，很多動作做起來並不知道是通向成功還是失敗，但是若等到別人成功之後再去跟

風，必然已經喪失先機。

因此，零售商應該勇於嘗試，在嘗試的過程中不斷摸索經驗，完善自己的營運模式。在這個過程中，由於自身的技術缺點，零售商可以與專業的零售技術服務商合作，共同探索改革路徑。

▌趨勢之二：「小與大」

經濟規模一直是現代零售業發展的內在邏輯，大規模的連鎖企業對上游供應商的影響力大，可以透過大規模的進貨壓低進貨價格，再加上統一的配送和經營降低商品成本，從而可以承擔得起相對較低的售價。低廉的售價帶來更大的競爭力，企業就會發展到更大的規模，如此循環。因而，大規模一直是零售業的發展趨勢。

隨著零售技術的發展，低價格不再是大規模零售的專利，透過低成本的方式，將社群小商圈聚集在一起，統一進行配貨和營運，也可以實現低價格，而且分散在社群小商圈的小型零售店具有大超市無可比擬的便利優勢。在零售技術的推動下，零售商也開始向小空間店鋪發展，趨小化成為零售業的發展趨勢。

日本的 7-ELEVEN 連鎖便利商店就是店鋪空間趨小化發展的典型。7-ELEVEN 在日本各城市擁有上萬家的門市，分布非常密集，但是每間門市的面積都很小。在這樣小而密的布局下，物流配送變得非常方便，例如便當，7-ELEVEN 可以實現早中晚一日三送。在統一的供應鏈系統和先進的零售資訊科技的支撐下，7-ELEVEN 依靠眾多的小規模便利商店實現了可觀的規模效益。在其他國家，傳統的大型百貨零售商也在逐步往便利商店發展，就連沃爾瑪也在向賣場空間小型化發展。便利商店、社群店等高密度、小門市的發展模式已經成為全球零售業的趨勢。

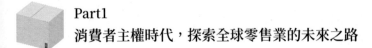

趨勢之三：「軟與硬」

隨著社會經濟的發展和人民生活水準的不斷提高，服務類「軟性」消費無論是在服務種類還是消費規模上都實現了巨大的成長，甚至有超過「硬性」商品類消費的趨勢。

從前，消費者去實體零售門市更多是為了購買商品，而現在，例如喝咖啡、做美容、朋友聚餐等服務類消費越來越頻繁地成為吸引消費者光顧門市的因素。從賣商品到賣服務，從「硬」到「軟」，也是實體零售商新的發展趨勢。在這一轉型過程中，零售商要調整好商品和服務的比例，爭取更高的利潤空間，例如，門市可以縮小賣貨面積，大賣場可以壓縮自營空間，在空餘出來的樓面發展服務類業務。

趨勢之四：「長與短」

與網際網路電商相比，實體零售門市有一個得天獨厚的環境優勢，那就是透過更好的環境服務為消費者提供更好的消費體驗。透過環境服務，消費者能夠體驗到商店的服務與管理水準，環境服務越好，消費者的心理越容易滿足，流通支出和全價的可能也就越高，零售商的競爭力將變得更強。因而，透過良好的環境服務打造良好的顧客體驗是非常必要的。

事實上，清楚這一點並將之付諸行動的零售商不在少數，而且很多已經獲得了成功。例如日本的永旺超市（AEON）。這是一家老年人主題超市，專門服務既有錢又有閒，也有購物需求的老年人。這家超市針對老年人的需求、喜好和特點來選擇和陳列商品、設計賣場布局，為老年消費者提供了更便利、體貼的購物體驗，深受老年人歡迎，生意蒸蒸日上。

■趨勢之五：「遠與近」

隨著資訊社會的發展，消費者越來越追求高品質生活，消費者對生活品質的關注導致企業不得不關注利潤之外的社會責任。一般來說，產業發展得越成熟，企業就越會重視自身擔負的社會責任。社會責任已經成為全球企業努力實踐的目標，環境友善、永續環保的標準影響到越來越多的企業，最終幫助消費者實現更優質的生活。雖然零售業對社會責任的關注目前還不夠，但是隨著社會的發展，零售商實踐社會責任的時代將很快到來。

自我救贖：

行動網路時代，傳統零售模式如何轉型？

對電商來說，必然要經歷從網際網路時代向行動網際網路時代的變遷，因為無論是互動性，還是支付的便利性，基於行動網路的 O2O 都已經超過了傳統的電商，成為傳統零售轉型的方向。

在網際網路時代，受電商的衝擊，傳統零售企業面臨轉型的困境，因為「不轉型毋寧死」，而轉型又存在各種實踐的阻礙。即使像沃爾瑪、GAP 這樣的零售大廠都不惜以虧本為代價與電商抗衡，但傳統零售在整個零售產業中所占的比例仍然被鯨吞蠶食，圖書、3C 等實體零售的市場越來越凋零；相反，亞馬遜（Amazon）等電商大廠們卻保持著較高的成長率。

就在傳統零售轉型無門，即將丟盔卸甲之時，行動網路時代以不可阻擋之勢滾滾而來，也給傳統零售帶來了新的發展契機。

據美國知名市場研究機構 ComScore 公布的《聚焦數位未來》（*Global Digital Future in Focus*）報告顯示：在行動網路使用者方面，「歐盟五國」（英國、法國、德國、西班牙、義大利）行動網路使用者總體數量達到了 2.41 億，其中智慧型手機使用率達到 57%；而波士頓諮詢公司（BCG）的一項研究調查顯示：歐洲消費者對行動網路的依賴程度越來越高。59% 的使用者表示，為了擁有行動網路，他們寧願放棄速食、巧克力、白酒。

據獨立網站分析公司 StatCounter 的統計資料顯示：儘管電腦仍是美國企業和家庭最主要的設備，但在近幾年，行動網路卻呈現迅速成長。

目前行動 4G 技術已經逐漸成熟，最高傳輸速度甚至能夠達到 3G 技

術的 50 倍。在這種更先進的技術背景下，與我們日常生活密切相關的餐飲、娛樂、購物等行為都會因此發生變化。

在行動網路時代，電商也必然會從電腦端向行動端轉型。而對於傳統零售企業而言，新一輪角逐翻盤的機會已然到來。

美國網路電商產業正在經歷爆發式成長，行動網路業務可以「隨時、隨地、隨心」地享受網際網路業務帶來的方便，而且有更豐富的業務種類、客製化的服務和更高服務品質的保證，市場潛力巨大。作為電商大廠的亞馬遜當仁不讓要分得這塊大餅。不過當亞馬遜瞄準行動網路市場時，其野心就不再局限於電商產業。

以下為亞馬遜行動策略部署概要。

平板銷售：自發布 Kindle Fire 熱門一陣子後，其後銷售業績一直很普通。發布新版 Kindle Fire 平板電腦與 Nexus、iPad mini 一起展開一場甚囂塵上的平板大戰。

智慧型手機銷售：亞馬遜持續推進智慧型手機平臺的發展，並進行策略性的智慧平臺部署：收購了 3D 地圖新創公司 UpNex，收購語音辨識軟體公司 Yap 和在日本開展預付費無線服務。不過，重大的問題仍然是建立並管理一個軟體平臺，並且設計出相應的硬體產品。

軟體銷售：亞馬遜應用程式商店助長了 Kindle Fire 的成功。亞馬遜應用程式商店的研發者基於每位活躍使用者可以獲得和 iOS 一樣的營收，據說蘋果（Apple Inc.）高階主管也認為亞馬遜控制的、類似 iTunes 的應用程式商店將會威脅其他競爭者，包括 Google 應用程式商店。鑑於亞馬遜應用程式商店的早期佳績，吸引研發者來到亞馬遜手機平臺研發大量優質手機應用程式應該不是難事。

行動廣告：網路資訊是關乎線上廣告存活的最重要因素，亞馬遜擁有

一座獨一無二的寶庫。這座資料庫不是關於人們想要買什麼，而是關於哪些推薦會讓人們產生購買的行為。

媒體銷售：Kindle Fire 可以被看作是一個互動性的商品目錄，將能推動亞馬遜其他產品的銷售。Kindle 生態系統則包括電子書（Kindle 應用）、音樂（亞馬遜 MP3）、電影和電視節目（亞馬遜 Prime 服務）和應用程式產品。

在網際網路時代，傳統零售與電商抗衡的方法無非兩種：第一，模仿對手的 B2B（Business to Business）模式，建立電商平臺，這種方式傳統零售難以獲得流量，而且供應鏈和價格方面也難有實力與對方一較高下；第二，線上下與電商大廠競爭這種方式由於需要承擔租金和人員方面的成本，因此博弈更難。

進入行動網路時代以後，使用者的購物方式會發生巨大的轉變，使用網路的使用者規模將大大提高。此時，實體店鋪不但不會成為傳統零售企業的負擔，反而會憑藉其特有的專業服務、體驗和快速送達，更貼合使用者的手機購物需求，能夠在行動網路時代展現出巨大的優勢，成為核心競爭力所在。

那麼，行動網路時代，傳統零售模式如何轉型呢？如圖 1-4 所示。

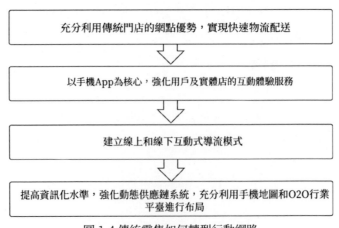

圖 1-4 傳統零售如何轉型行動網路

▌充分利用傳統門市的地點優勢，實現快速短物流配送

對使用者來說，網路購物時除了在乎產品的體驗外，衡量店家的重要標準之一就是配送速度。

對於傳統零售企業而言，在行動網路時代的競爭中，原先處於缺點的物流反而有可能成為其競爭優勢之一。傳統零售企業中，採用聯營模式的不在少數，如果企業的門市覆蓋率夠高的話，那麼透過科學的管理，使用者的任何網路訂單都可以實現就近配送。由於距離方面的優勢，因此無論配送所需要的成本還是時間都比單純的電商平臺更具有優勢。

沃爾瑪在美國的分布十分廣泛，遍布全美的平價商店、超市和購物中心已經達到 3,700 家。由於接觸行動網路的時間更早，目前沃爾瑪已經擁有了非常完善的電子化系統，並在不斷探索的過程中找到將實體店與行動網路結合的方式。

在其 O2O 的營運模式中，沃爾瑪注重使用者在行動端和實體店雙向的體驗。在沃爾瑪的 App 中，不僅包含根據使用者的個人情況而不同的訂購、比價、導購和優惠功能，而且使用者在 App 上選擇中意的商品後，後臺會根據使用者的位置以及庫存的情況做出最佳的訂單處理方案。沃爾瑪行動 App 的介面如圖 1-5 所示。

圖 1-5 沃爾瑪行動 App

以手機 App 為核心，強化使用者與門市的互動體驗服務

雖然在網際網路時代，O2O 模式已經成型並有了一定程度的發展，但行動網路讓 O2O 的魅力得到了更大的發揮。

智慧型手機等行動裝置與人們日常生活的連繫更加緊密，當人們需要購買商品或享受服務時，能夠實時透過手機與店家進行互動，享受門市的客製化專屬服務。對店家來說，這能夠提升使用者的黏著度；對於使用者來說，則能夠獲得更好的消費體驗。

建立線上和線下的互動式導流模式

傳統的 B2C（Business to Customer）模式，店家如果想拓展新使用者，往往需要支付較高的成本，而且有時得不償失。而在 O2O 模式當中，導流是雙向的，實體店和行動端都能夠發展新使用者，而且雙方會發生交互作用。另外，由於行動端兼有社交的特性，因此，使用者拓展的成本低、成長快。

行動平臺就實體端向行動端的使用者導流來看，方式是各式各樣的，可以透過掃 QR Code 載入 App，這些方式的成本都非常低。將使用者導向行動平臺以後，平臺之上的服務、促銷和導購功能可以讓使用者產生新的消費行為。

反過來，Facebook、X 的新媒體行銷以及傳統零售的 B2C，都可以透過 O2O 平臺吸引使用者，並透過多種行銷手段將其導向線下，並建立線上與線下打通的會員互動機制。

目前 GAP 不僅擁有了自己的 B2C 平臺，而且在 GAP 的所有門市內都有其 App 的標誌。進入到門市內的顧客可以下載 GAP 的 App，也可以

登入其平臺。在平臺和 App 上，GAP 都涉及各種與門市連線的優惠活動，並透過實時推送的方式刺激顧客的消費。

▌提高資訊化水準，強化動態供應鏈系統，充分利用手機地圖和 O2O 產業平臺進行布局

英國的特易購、美國的沃爾瑪等大型零售商，都已經將手機地圖與門市的 ERP（Enterprise Resource Planning，企業資源規劃）連線，使用者可以在企業的 App 中清楚地查到每一個門市距離自己的位置以及每一件商品有無庫存。發現想要購買的商品後，使用者可以自行選擇去附近的門市購買或者讓門市配送。

可以說，行動網路的出現，不僅拉近了實體店與使用者的距離，而且促進了使用者的消費。

不過，傳統零售企業要進行 O2O 布局，首先應該提升自身的資訊化基礎，對門市的商品庫存和訂單系統等進行科學的管理，形成良性的連鎖反應。例如，保證訂單實現自動處理，在保證配送和服務效率的同時降低成本；保證供應鏈彈性執行，協調各門市的訂單配送；更好地與手機地圖融合，讓使用者在行動端對商品的庫存和店鋪的活動一目瞭然，完善使用者的使用體驗等。

■ 零售核心驅動力：
重新定位實體店，提供客製化購物體驗

如今的零售市場，在經歷了電商的一番風捲殘雲之後，實體店對品牌還能產生多大的影響力？許多人都認為實體店有可能會被網路商店所取代。然而在實際的發展中，情況卻與許多零售商的擔心相去甚遠。

全球最大的管理諮詢、資訊科技和業務流程外包的跨國公司 —— 埃森哲（Accenture）最近做了一項調查，結果發現在被調查的消費者中，未來希望能夠在實體店購物的消費者比例上升，多數消費者表示在實體店購物比使用網路和行動裝置購物來得方便；當被問到最希望零售商改善的購物通路是什麼時，近半數的消費者回答是「網購」。

在網際網路和行動網路浪潮的推動下，許多傳統的零售商不得不緊跟時代發展，紛紛轉型做電商，於是店商變成了電商。

之所以會出現這樣的結果，從根本上來說是因為零售企業沒有深入了解市場的需求，沒有抓住消費者的需求痛點，向電商方向轉型是為了跟隨時代潮流，是一種盲目跟從的做法，是為了實現數位化而數位化。他們對於電商的理解過於表面化，認為只要做好技術部署就可以做好電商、提升績效了。

實際上，數位時代技術的改革雖然改變了零售商與消費者傳統的連線方式，但是消費者需求的本質卻是無法改變的，他們永遠都喜歡合理的價格、豐富的產品種類，並且對長期使用的產品容易形成一種信任感。因而零售商未來的命運並不是掌握在不斷湧現的新技術上，也不是來勢洶洶的

網際網路電商，而是不斷變化的消費者需求。

為了使零售企業能從更深的層面了解消費者的需求，形成無縫的跨通路零售能力，埃森哲連續兩年進行了專門針對消費者的調查和專門針對零售企業無縫能力的調查，並從以下幾個角度為零售企業的改革提供了一些實用性的建議，如圖 1-6 所示。

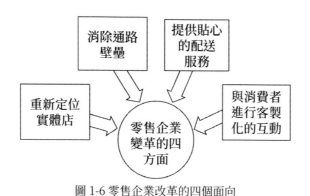

圖 1-6 零售企業改革的四個面向

重新定位實體店

雖然實體店的存在可以讓消費者享受更加便利的購物體驗，但是這並不代表實體店就可以一成不變。如果實體店一味止步不前，就會被時代淘汰，最終變成時代的祭品。

因而，在網際網路和行動網路盛行的今天，實體店更應該加強與線上通路的合作，透過相互配合和支持，擴大影響力，為消費者提供更大的便利，不斷滿足消費者的客製化需求。因此，重新定位實體店，讓實體店在銷售通路中發揮更大的功能，是零售商實現翻身的一個好時機。

在這裡要重點強調的是，隨著無線網路覆蓋率的提升和行動端裝置的不斷普及，零售商應該儘早實現在實體店中提供行動端裝置的服務。

▌消除通路壁壘

在如今的市場中，年輕一代成為消費主力。對於擁有多個行動端裝置的他們來說，線上與線下已經沒有什麼先後之分。調查表明，如果消費者透過線上獲得了零售商的實時庫存資訊，被調查的消費者中有43%的消費者會直接選擇到就近的實體店購買；如果不在營業時間，有59%的消費者會選擇使用零售商線上或手機通路去購買。

而這恰恰是零售企業的缺點，對於絕大部分的零售企業而言，他們還沒有能力提供跨通路的客製化服務和銷售。參與調查的消費者中有1/3的消費者認為零售商最大的缺陷就在於購物體驗。如果零售商能夠從消費者預期和自身能力出發，推進跨通路服務，讓消費者享受一條龍的購物體驗，那麼零售商的業績一定能更上一層樓。在跨通路的服務中，除了為消費者提供便利的退換貨機制外，也可以從為消費者提供更便利的支付、配送和結帳方式等方面考慮。

通路一體化並不是說線上與線下要提供相同的價格、品類，實行相同的行銷和促銷策略。調查結果顯示，大多數的消費者喜歡在不同種類、不同價格和不同的促銷策略中尋找樂趣，因而零售商應該做好各通路一體化無縫銜接，對商品的價格、種類以及促銷策略實現統一的管理，這樣才可以緊跟瞬息萬變的消費者需求，做到靈活調整、順勢而變。

▌為消費者提供更貼心的配送服務

不管是網路購物還是直接透過門市購物，消費者都希望店家能直接將貨物運送到家門口，這也就對零售企業的產品配送服務提出了更高的要求。不管是包裹的安排、配送時間預約，還是退換貨處理，消費者關心的

只是能安心享受到方便、快速以及兼具經濟利益的運送服務。

因此，零售商在滿足消費者客製化需求與投入成本平衡的同時，也要盡可能地完善產業鏈，為消費者提供更加方便快速的物流配送。

▌與消費者進行客製化的互動

店家與消費者之間進行的互動，是深受消費者喜愛的，實體店中提供的客製化折扣以及透過電子郵件傳送給消費者的優惠券是最能影響消費者的購買決策的，並且越來越多的店家喜歡透過 App 開展客製化的促銷活動，而這一點也受到了消費者的廣泛歡迎。

要與消費者實現客製化的互動，就必須有大量的數據支撐，這就需要企業有比較強的大數據能力，不僅要有收集數據的能力，還要有分析數據的能力。

目前大多數的零售企業都是透過 POS 交易、會員卡等傳統通路來收集消費者的相關資料的，除此之外他們並沒有開闢出更多的通路來全面獲取資料，其中只有13%的零售商對從多個通路獲取的消費者的資料進行了深入的分析和整合。因此對於零售企業而言，要從根本上了解消費者的需求，首先應該提升資料收集和分析的能力。

雖然電商的盛行和數位化時代的到來，迫使零售商不得不開始轉型，但是這並不是推動其轉型的根本因素，根本的推動力量是消費者瞬息萬變的需求。

因此，零售商要想在新時代找到正確的發展方向並長遠發展，最重要的就是先要回歸到零售的本質，也就是說要以消費者的需求為起點，再結合商品的銷售策略，為消費者提供客製化的購物體驗，這樣才有可能在向無縫銷售策略的轉型中獲得優勢。

▬▬【商業案例】奧樂齊零售連鎖店：
歐洲首富經營零售業的成功祕訣

奧樂齊是目前德國最大的連鎖超市，是由阿爾布萊希特兄弟
（Albrecht Brothers）改組成立的。1948 年阿爾布萊希特兄弟接管了母親在
德國埃森市（Essen）郊區創辦的一個食品零售店，在經過了幾年的發展之
後，1962 年兄弟倆改組了這個零售店，並改稱「奧樂齊」。最早的一家奧
樂齊食品超市在多特蒙德正式建立。奧樂齊的 LOGO 如圖 1-7 所示。

圖 1-7 奧樂齊的 LOGO

「奧樂齊」取自 Albrecht 和 Discount 的前兩個字母，代表該食品超市
是由阿爾布萊希特家族經營的。從成立至今，奧樂齊仍隸屬於阿爾布萊希
特家族的卡爾（Karl Albrecht）和西奧（Theo Albrecht）兄弟二人，他們分
別負責北德地區的北店和南德地區的南店。

▋奧樂齊超市在德國

奧樂齊在德國境內已經成立了 4,000 家分店。奧樂齊在北德地區的北店和在南德地區的南店從 1966 年起成為兩個獨立的商業有限公司，但是兩家企業之間依然保持著比較好的關係，使用統一的商品品牌並有共同的供應商等。

北奧樂齊目前由哥哥卡爾經營，主要在德國北方開拓業務。北奧樂齊在北德地區有 35 個獨立的區域分公司和 2,500 家營業地點。

南奧樂齊由弟弟西奧經營，他經營的連鎖店主要分布在德國的西部和南部，擁有 31 個獨立的區域分公司和 1,600 多家營業地點。

奧樂齊連鎖店已經遍布德國境內的各個地區，平均每 2.5 萬人口的地區就有一家連鎖店。在德國，有超過 75% 的居民習慣去奧樂齊購物，其中有 2,000 萬的居民是固定顧客。

▋奧樂齊在全球

奧樂齊在全球擁有 6,800 多家分店，除了德國境內的分店之外，其餘的都在歐洲和大洋洲的 11 個國家和地區。哥哥卡爾經營的北部奧樂齊集團已經逐漸走向國際化，僅在英國和愛爾蘭就擁有 250 多家分店，在美國有 570 多家，在奧地利有 240 多家。在比利時，奧樂齊又被稱為「Lansa」；在荷蘭，奧樂齊被叫作「Combi」；而在奧地利，奧樂齊則被稱為「Hofer」。由此可見奧樂齊已經在眾多國家的居民心中擁有了很高的地位。

奧樂齊在發展初期，將自己定位在低價的水準上，因而奧樂齊還一度被稱之為「窮人店」，如今隨著經濟的發展和奧樂齊的壯大，奧樂齊在保

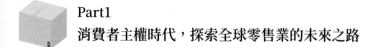

證品質的前提下依然採取了低價經營的策略，在奧樂齊，消費者可以買到比普通超市價格要低 30% 至 50% 的商品。也正因為如此，奧樂齊在德國民眾心中擁有不可替代的地位。在德國人最尊敬的企業品牌中，奧樂齊的地位僅次於西門子和 BMW。

單從規模上來講，德國的奧樂齊超市可以說是全球最大的食品雜貨店。奧樂齊之所以能夠取得如此大的成就，在國際上獲得這樣高的聲譽，與其一直以來追求簡單的理念密切相關。

1975 年卡爾曾在一個公開場合表示，奧樂齊在業務發展過程中會一直遵循最低價格的原則，讓消費者享受最大的優惠。這一原則一直堅持至今。

用最低的價格為更多的人服務

每天德國居民所需要 38% 的罐頭、蔬菜，32% 的啤酒、果汁、汽水和牛奶，27% 的黃瓜罐頭、瓶醋、沙拉油、香腸、火腿、布丁等製品都來自奧樂齊。為了能將新鮮的食品用最快的速度運送到更多民眾家中，奧樂齊要出動其特製的 1,000 多輛貨車，送往遍布在全國各地的分店。奧樂齊已經成為廣大德國民眾日常生活中不可或缺的一部分。

奧樂齊在經營過程中遵循以下基本的經營策略。

1. 許多同一品類的產品會利用明星效應推出多款明星產品，但是奧樂齊堅持只出售同一品類的一款明星產品，在保證產品品質的前提下讓消費者享受最優惠的價格，並且運輸和處理環節也有一套簡單快速的流程，可以迅速地為分店提供補給。

2. 顧客不需要任何理由就可以申請退貨，為消費者的購物提供了更多安全保障。

3. 不斷更新商品，商品不僅要保持新鮮，而且其更新換代也要緊跟時代發展。在奧樂齊，很多商品都屬於限量限期供應，因此顧客要想買到自己中意的產品，必須儘早加入搶購的行列。

4. 盡可能地降低經營成本，實現利潤的最大化。在德國的一些地區，奧樂齊的利潤可以達到 9.3％。

5. 奧樂齊沒有對外的公關部門，對於廣告宣傳的投入也非常低，只占到總營業額的 0.3％。奧樂齊一般會在新產品剛推出的時候製作一些宣傳單，然後放在超市裡供消費者瀏覽。這種廣告方式不僅製作成本低，而且可以造成很好的宣傳效果。

6. 奧樂齊超市在選址和布局上有自己的獨特策略。與其他大型的零售企業在繁華地段開店不同的是，奧樂齊專門選在住宅區、大學校區附近以及郊區開店，這些地段的房租不僅便宜，而且客流量非常大。店鋪的面積大約為 300 到 1,100 平方公尺，店面的裝修比較簡單。奧樂齊將自己的目標顧客群定位在普通的受薪階級以及學生、低收入者，他們雖然人均購買力不是很高，但是因為人數很多，為奧樂齊帶來的利潤也相當可觀。

超市裡沒有安裝專門的貨架，商品都是被裝在紙箱裡放在貨架板上，並且很多商品都堆積在一起。在奧樂齊的賣場裡沒有現代化的超市設備，商品上也沒有標碼，而是直接將商品的價格標在一個地方，方便消費者查詢。仍然使用最簡單的收銀機，不支援信用卡付款，節省了一大部分設備成本和維修管理成本。

▌奧樂齊經營的三大賣點

奧樂齊經營的三大賣點如圖 1-8 所示。

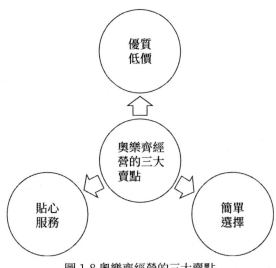

圖 1-8 奧樂齊經營的三大賣點

1. 優質低價

奧樂齊連鎖店之所以能受到廣大消費者的歡迎，其根本原因還是在於商品便宜，這個價格標準不僅對於德國人來說很便宜，就是按照亞洲民眾的收入來說也是相當便宜的，如表 1-2 所示。

表 1-2 亞洲超市 VS 奧樂齊超市價格對比

貨品	亞洲超市價格	德國奧樂齊超市價格
麵粉（1千克）	5～6歐元	1.8歐元
純蘋果汁（1升盒裝）	10～11歐元	3.5歐元
牛奶（1公升盒裝）	8～10歐元	3歐元

然而，即便奧樂齊的產品價格低於同類競爭對手的價格，但是價格便宜並不代表品質也差。奧樂齊的價格定位比較符合德國的社會主流文化。

在德國，收入一般的民眾仍占大多數，而低價位不僅能夠滿足他們的基本生活需要，而且不易增加消費壓力。

德國人比較務實，崇尚簡單的生活，不貪慕虛榮。倡導節約的社會生活方式也是德國的一種主流文化，而奧樂齊正是抓住這一點，以低廉的價格服務大眾，才得以實現比較快的發展。

2. 簡單選擇

奧樂齊在產品採購過程中從來都不崇尚多樣化。奧樂齊只經營 700 種購買率較高的商品，而在一般超市，商品會有 2 萬種，例如全球著名的零售業大廠沃爾瑪，商品一共有 15 萬種。在一般的超市裡，光番茄醬就可能會有十幾種品牌，但是在奧樂齊卻只有一種品牌；衛生紙和醃菜也只有一種。雖然奧樂齊的每類商品都只有一種，但是這種商品絕對是經過精心挑選出來的。

商品的種類雖然比較少，但是商品的種類可以滿足人們的基本生活需要。奧樂齊以產品本身而不是品牌作為銷售的主體，並且保證產品最優最低價，讓消費者可以放心購買，同時還省去了比對不同品牌的產品的麻煩，使得單項商品獲得了很高的銷量。市場分析專家認為，奧樂齊的簡單選擇簡化了決策流程，可以讓消費者產生更大的購買力，而且由於商品的種類少，可以更加方便、高效地運輸和倉儲。

3. 貼心服務

奧樂齊將每一位消費者都當作是一個獨立的消費個體，並根據他們各自的特點設計產品數量和產品組合，這與其他超市以「家庭」為單位進行產品銷售是不同的。奧樂齊為消費者提供了專門迎合他們需求的大小包裝不同的商品。

以洗衣粉為例，一般市場上和超市的洗衣粉都是 3 到 5 公斤裝的，而奧樂齊卻為消費者提供 1 到 1.5 公斤裝的，這主要是奧樂齊考慮到包裝太大的洗衣粉對很多單身家庭來說使用的時間會比較長，洗衣粉容易變潮結塊。對許多保存期限比較短的商品亦是如此。因而奧樂齊從每個消費者的角度出發，銷售能夠滿足他們需求的商品。

奧樂齊從來不會開展一些所謂的促銷活動，當各大零售企業因為各種促銷活動爭得你死我活的時候，奧樂齊卻安安靜靜地坐在一旁觀戰。在奧樂齊看來，許多店家打出的促銷活動，例如買一送一、襪子成打銷售、啤酒成箱銷售等，雖然看似讓消費者得到了實惠，但事實上卻忽視了某些消費族群的需求，例如眾多的老齡人口和單身家庭，他們並不需要這麼多的商品。

省去一些不必要的服務

在使用者為王的時代，許多零售商都在想方設法地為消費者提供更豐富和更客製化的服務，而奧樂齊卻反其道而行之，抓住零售商最本質的職責，將全部精力集中到為消費者提供更優質、價格更低廉的產品本身，對於其他方面則是能省就省。

奧樂齊將一些商品的價格尾數統一歸整。奧樂齊在實際的營運中發現，找零錢的時間會影響商品的銷量，因此決定將尾數為 0.05 至 0.09 馬克的貨款，統一歸整為 0.05 馬克；尾數為 0 至 0.04 馬克的貨款，統一歸整為 0。這樣不僅省去了找零錢的時間，而且也提高了員工的工作效率，同時讓消費者享受了更多的實惠，由此也吸引了更多的顧客。

在奧樂齊，除了少量的日用品、食品有貨架和專門用於保鮮的冰箱之外，其他的商品都採用就地銷售方式，由店員開啟包裝紙箱，顧客可以自己拿取商品。奧樂齊經營的商品一般都是可以迅速帶出店鋪的，例如罐頭

食品、紙袋包裝的食品、冰凍的食品等。

每週或每兩週，奧樂齊都會向消費者推出一些非食品類的商品，例如一些文具、針織品、廚房用具、電腦等，這些商品為奧樂齊帶來的銷售收入占到總收入的20%以上，特別是奧樂齊與電腦廠商合作銷售的電腦，受到了廣大顧客的歡迎。

奧樂齊還向市場上推出了自有低價品牌，這樣不僅可以為自己的品牌推廣省去一大筆廣告費，同時也可以減少一部分運輸和倉儲的費用。

奧樂齊的採購

★採購標準

1. 銷量

如果某種商品的銷量不高，奧樂齊就會將這種商品從貨單裡撤掉。凡是想在奧樂齊的店裡站穩腳跟的商品，首先要求銷量要達到甚至超過一定的標準。

2. 品質

在奧樂齊店裡銷售的食品雖然可能不是什麼知名的品牌，但是大多來自於署名的生產廠商，只不過在產品出廠的時候換上一個不知名的品牌，這樣既保證了產品的品質，又可以維護名牌產品的形象和身價。

對於非食品類的商品，奧樂齊更看重產品的性價比。例如，奧樂齊出售的電腦，都是經過專家評比後得分最高的產品，並且價格是最低的。奧樂齊經營的許多電子產品在德國都獲得了不錯的銷量，有些甚至超過了一些專業經銷商。就拿銷量最好的電腦來說，在德國有60%的顧客從奧樂齊買過電腦。

★採購的途徑

奧樂齊的四種採購途徑如圖 1-9 所示。

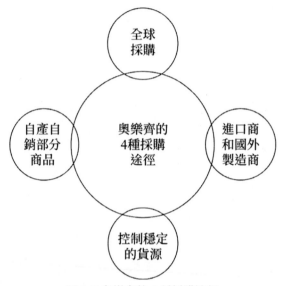

圖 1-9 奧樂齊的 4 種採購途徑

1. 全球採購

奧樂齊的採購原則是哪裡的產品有競爭力就從哪裡進貨，而且會選擇從原產地國直接進貨，這樣常年的大量進貨可以獲得較低的進價。

2. 進口商和國外製造商

對於一些有競爭力的非固定商品，奧樂齊會委託進口商或直接從廠商進貨，例如韓國的休閒鞋、法國的香水、瑞士的手錶、美國的電腦外部裝置等。這些商品都出自正規廠商，並且商品的售後服務也是由進口商或廠商直接負責，可為消費者提供更多的保障。由於奧樂齊出售的這些商品的價格低於專賣店，因此當奧樂齊對這類商品進行單品促銷時都能吸引很多顧客。

3. 控制穩定的貨源

在德國，很多中小企業與奧樂齊都存在很強的依附關係，它們會按照奧樂齊提出的標準和要求進行生產，而奧樂齊則會購買其全部或絕大部分的產品；如果出現品質問題，奧樂齊會直接解除合約。因此，對奧樂齊依附性較強的企業要想在市場上占有一席之地，首先就要保證產品的品質，同時還要提供比較公道的價格。

4. 自產自銷部分商品

為了能保證充足的貨源和穩定的品質，奧樂齊也有自營的品牌和工廠，例如奧樂齊自建了一個養雞場。此外，為保證商品的品質和維護奧樂齊的聲譽，奧樂齊對商品的品質檢查非常嚴格，特別是對食品，一些外觀和品相不好的商品是不會拿出來擺放的，像一些水果、鮮花、蔬菜等被顧客挑選剩下的商品，在打烊後要全部扔掉。

▌奧樂齊的人力資源結構

沃爾瑪的每家店至少會有 40 名員工，而奧樂齊的店裡只有 4 到 5 名員工，這就意味著員工可以領到很高的薪水，從整體上來看降低了勞動力成本。

奧樂齊投入的勞動力成本只占到營業收入的 6%，而在普通超市，投入的員工成本大約占到總收入的 12% 至 16%。

在奧樂齊的店裡，雖然員工的數量比較少，但是每個人都能頂普通超市裡幾個員工的工作量，人均服務面積可達到 100 多平方公尺，員工的潛力被充分挖掘，每一位員工都能發揮其最大的價值。在奧樂齊的店裡，每一個人都身兼數職，擁有多項技能，能應對不同職位的工作。

奧樂齊非常重視對人才的吸納和使用，並且為員工提供了非常誘人的高薪待遇，吸引了很多人才，員工組成日趨年輕化。奧樂齊為員工提供的薪水要比其他的零售企業高 10% 至 20%，如果員工表現出色還會有更多的升遷機會，升遷後會獲得更優厚的酬勞。

■ 奧樂齊與沃爾瑪的對比

如表 1-3 所示。

表 1-3 奧樂齊與沃爾瑪的對比

對比內容	奧樂齊（小而精）	沃爾瑪（大而全）
商業業態	食雜折扣超市	大型Shopping Mall大型倉儲式賣場+餐飲+娛樂休閒的行銷模式
選址	定位於居民區附近、大學校區鄰近或郊區	定位於繁華的都市或交通便利的地區，且擁有大型停車場
面積	平均750平方公尺	平均1,500平方公尺
目標群體	受薪階級、學生、退休人員和其他低收入者	以家庭為單位的購買人群
單店員工數目	4～5名	40～50名
折扣方式	直接將折扣給到消費者	積分制
單店銷售形態	700種左右的商品	15萬種商品
商品銷售形態	小包裝、獨立包裝	組合包裝、家庭包裝
商品採購模式	全球採購：單一品種採購、超長期合約採購	全球採購：以品牌為導向，分品牌採購
管理模式	簡單管理。部門的設立和構成非常精簡，成本降低，布局合理，運輸和倉儲等方便、高效	全方位企業管理和行銷模式。在管理模式上它由大量的企業內部元素組成，對市場進行細分，大範圍地滿足各種市場需求，盡可能地不遺漏每一塊市場。擴大在每一塊市場上的占有率也就等於獲取了最大價值

奧樂齊在經營過程中一直遵循低風險的擴張策略，它拒絕舉債經營，在進行策略擴張的時候都是利用利潤來作為資金支持，因而風險比較低。

在德國，奧樂齊每年銷售量的成長都維持在 8% 左右，在歐洲，奧樂齊也已經占有了 3.5% 的市場占有率，而歐洲最大的零售店家樂福同時期在歐洲只有 6.8% 的市場占有率。

在奧樂齊向沃爾瑪發起的挑戰中，最終以沃爾瑪敗退德國市場而告終。在德國，奧樂齊相對於沃爾瑪有更多得天獨厚的優勢。

一方面，沃爾瑪超市建設的面積比較大，在德國的很多城市裡找不到能夠建築這種大型超市的土地。

另一方面，奧樂齊憑藉其優質的產品和低廉的價格在德國人心目中深深地紮了根，雖然沃爾瑪同樣以低價著稱並且打入了德國市場，但是相對於起步比較早的本土企業，這方面的優勢就弱化了。在奧樂齊的影響下，在德國，平價超市已經非常普遍，除了奧樂齊之外，比較著名的平價超市有利多、普魯斯、潘尼（Penny）、諾瑪（Norma）等。

調查顯示，每年德國消費者在平價超市裡的平均消費次數達到 70 次。在德國，奧樂齊與這些平價超市已經建立了一個龐大的折扣廉價之網，因此也就沒有沃爾瑪的容身之地了。最終沃爾瑪只好放棄在德國的 85 家分店，宣布退出德國市場。

Part2
零售革命 3.0：
顛覆性技術時代，零售業的轉型與謀變

顛覆性技術、強勢的顧客、錯綜複雜的購物通路

隨著網際網路的發展和智慧型手機的普及，消費者的購物通路從實體賣場轉移到了電腦端和行動端，零售業隨之經歷了實體零售到線上零售再到手機端交易的轉變。儘管這些轉變拓寬了銷售通路，使得各通路之間的邊界模糊不清，但是零售業的本質從沒有改變，為消費者提供良好的購物體驗一直是零售企業的生存法則。在如今的零售界，零售企業仍然要為消費者提供多通路下統一的品牌體驗。

在行動網路時代，消費者在購物之前隨時可以比較不同店家的商品價格和品質，購物之後對商品和服務發表評論，使用者的口碑將影響這件商品之後的交易。消費者在商品交易中占有了越來越多的主動權，變得比以往任何時候都更強勢、更有影響力。

雖然虛擬交易逐步成長，但大型實體零售商依然握有強大的規模優勢，它們透過系統化的採購來降低採購成本；透過系統化的營運，得到有關消費者行為和購買偏好的大數據，透過大數據的計算和分析，零售商可以不斷改進和完善自己的營運體系，為顧客提供更好的購物體驗。同時，系統化的營運帶來不斷成熟的零售模式和技術，包括精簡的後臺功能和物流系統，從而降低營運成本，提高營運效率。而這些改變將成為整個零售產業的發展趨勢。

隨著行動網路和智慧型手機的不斷普及，隨時隨地的行動交易將成為主流交易方式，而傳統實體零售商將面臨新的挑戰。

▌理智的、強勢的消費者

隨著網路的普及，資訊變得越來越透明，店家與消費者之間的資訊不對稱情況已成為過去，消費者比以前擁有更強大的鑑別能力，購物也變得越來越理性。

在做出購買決定之前，消費者會先從網路上獲取商品的資訊，比對不同店家的賣價和使用者評論，參考社群的推薦。在這個過程中，店家的廣告和誇張的行銷起的作用越來越小。購物完成以後，消費者會根據購物過程和使用感受對這件商品做出評論，如果對這件商品感到滿意，消費者不會吝惜他的讚美；如果不滿意，消費者會在評論中非常迅速地表達出來。

這些評論將嚴重影響到之後的商品銷售，因而零售商不得不將消費者體驗放在重中之重。零售商必須研究清楚消費者的喜好，針對這些開展工作。一般來說，消費者在購物過程中追求最佳價值、最佳服務或最佳體驗；如果不能做到全部，零售商至少要在其中一點上做到超出消費者的預期，才能在日益激烈的競爭中有一席之地。

價格因素已經不是決定消費決策的首要因素，因而成功的零售商也跳出了低階的價格戰，以更優質的服務為消費者提供更好的購物體驗來吸引消費者。當然，這種方式對使用者口碑的依賴更重，如果消費者對店家的服務滿意，必然能夠激發消費者的熱情和黏著度，主動為店家傳播良好的口碑；而一旦顧客覺得不滿意，也會將不滿毫不留情地擴散到網路中，有可能對店家造成毀滅性的打擊。

▌錯綜複雜的、多通路的購物和行銷

銷售通路的增多為消費者的購物提供了更多選擇，消費者的期望值也隨之提高；對於店家來說，在競爭加劇的同時，與消費者互動的機會也越來越多。零售商不能再局限於單一的銷售通路，必須建立強大的多通路銷售體系以適應市場的發展，這是零售業發展的大趨勢。然而還有很多店家沒有認清這種形勢，誤以為零售的未來在於培養消費者的黏著度。

隨著購物通路的增多和通路邊界的模糊，消費者對某一條通路越來越不在意，他們的購物過程通常是幾種通路的混合，例如在電腦端下單，在行動端支付；在行動端下單，線上下通路刷卡。消費者要求購物過程方便快速，零售商就必須提供各通路的無縫接軌，為消費者提供跨通路的順暢購物體驗。

從長遠來看，零售業是一直保持這種多通路模式還是最終走向通路合併，現在還不能妄下定論，但是有一點是可以確定的，那就是零售商必須做到與時俱進，根據消費者的習慣和市場需求的變化不斷進行創新和改革，先保證自己跟上市場的腳步。

▌變化的商業地產需求

線上交易的迅速發展，對應的是實體零售的不斷萎縮，尤其是對擁有大量門市的大型零售商的衝擊最大。這種情況下，很多實體店家的盈利空間越來越小，甚至只能勉強保持盈利。這就意味著，沒有特點的、既不便利也無代表性的超市和購物中心正在面臨被淘汰的危險，這對商業地產市場的布局產生了深遠的影響。聰明的零售商會透過詳盡的資料和全面的分析，探索創造性的解決方案，拋棄一部分業績不佳的經營場所，同時搶占

更有利的房產資源，放棄一部分傳統的店鋪，轉而開設一些客製化服務的新型門市。

這些店鋪將採用新型的交易模式，為消費者提供專業化的產品、新型的服務和新奇的購物體驗，更好地滿足消費者的需求和期望，以此來吸引消費者。可以預見，隨著零售商對門市和房產的重新布局，這樣的新型商店將主要建在街道兩旁和大型購物中心附近。

有的零售商甚至從根本上重新定義了門市的作用，例如英國知名家具零售商 Dwell，它開設的門市是招募消費者的機構，而不是銷售商品的通路，門市員工的收入由招募到的消費者數量決定，而不受銷售成績的影響。

還有一些零售商把門市單純作為產品的展示或者分享平臺，與其說消費者在這裡購買商品，不如說享受一段愜意的時光更為貼切。隨著重新定義門市的作用，衡量門市效果的指標也隨之變化，由每平方公尺的營業額或毛利率轉變為獲取顧客的成本或顧客的「終身價值」。

不斷發展的供應鏈

隨銷售通路演變的不止是門市，還有整個供應鏈布局。傳統零售模式下，大宗的商品都是透過批發通路進入門市，然後由門市零售，最終到達消費者手中；進入網際網路時代以後，大宗商品直接線上完成挑選、包裝和傳送。

不同的銷售模式需要不一樣的供應鏈配置，例如亞馬遜這樣的大型網路零售商，能同時提供近 5,000 萬件商品的選擇，交易過程更快速。與之競爭的實體零售商必須大幅度提高自身的商品配置，同時降低貨運成本，這就對虛擬供應鏈的應用有更高的要求。

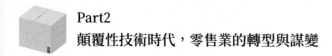

Part2
顛覆性技術時代，零售業的轉型與謀變

理想的供應鏈應該是把商品從工廠直接送到消費者手中的響應式供應鏈，而不是零售商的倉庫裡擁有每一件商品。為此，針對哪些商品需要在門市裡備貨，哪些商品適合在網路銷售，哪些商品應該存在倉庫，哪些可以根據訂單直接從供應商處供貨，零售商要有清晰的規劃。

但是，這種響應式的供應鏈通常要求更強大的物流系統來支撐，這就增加了商品的成本，而消費者願意支付的溢價是有一定限度的，因而在新型供應鏈的建設中，零售商應該做好成本控制，以最具成本競爭力的方式提供最好的服務。

零售業的種種變化，必將推動重大的產業轉型，零售商必須與時俱進，不斷地完善和調整自己的經營模式和產業鏈結構，加強消費者洞察、顧客關係管理、交付通路、商店概念研發、績效管理以及供應鏈整合等未知領域的學習，在不斷的前行和摸索中找到正確的道路。零售業的未來，屬於那些勇於嘗試、勤於學習、能夠迅速自我改革的店家。

重塑零售業的十大趨勢

▋趨勢一，強勢的、有鑑別力的消費者

隨著網際網路的發展，零售商與消費者之間的資訊不均衡狀態被打破，消費者能夠從不同的通路和比對中獲取更真實的產品資訊，也能夠迅速並廣泛地傳播他們對商品和服務的讚賞和不滿，消費者在交易過程中變得越來越強勢、明智和主動。

相應地，零售商必須在商品交易中新增更有意義的價值，為消費者提供更完善的購物體驗。消費者的口碑將直接決定商品甚至零售商的興盛或衰敗。

▋趨勢二，無處不在的網路連通性

隨著網際網路的發展和智慧型手機的普及，消費者的購物行為越來越傾向於隨時隨地的消費，並且無論最終透過哪種通路購買，在購買過程中都會涉及線上操作。

▋趨勢三，在地購買，走向環保

同等條件下，消費者更願意選擇更環保的方式進行消費，例如從有機供應商處購買商品，或者從在地店家購買以避免物流成本。但是一般來說綠色商品的價格更高，而消費者願意容忍的溢價範圍有限。

▌趨勢四，爆炸性成長的消費者資料

從 POS 機、社群媒體、企業網站以及網址追蹤等通路都能夠獲得有關消費者行為習慣和偏好的大數據。這些資料如果運用得當，會極大地促進店家的發展，但是從目前來說，零售商普遍還不能充分挖掘出這些資料的潛在價值。

▌趨勢五，市場行銷的新時代

儘管目前消費數據的潛在價值還未能被充分挖掘出來，但是零售商們已經開始注重這方面的研究，並根據研究結果嘗試更有針對性的行銷。當然這些嘗試需要經過市場的不斷檢驗和校正，而且由於消費者對誤導性行銷的容忍是有限的，所以零售商應該仔細研究，謹慎嘗試，避免錯誤。

▌趨勢六，科學零售

透過對不同來源的大數據進行科學和深入的統計與分析，零售商可以持續調整零售業務的各個環節，實現科學零售。

▌趨勢七，不斷增強的零售商力量

不可否認，經過多年的發展，零售商的力量在不斷增強，尤其是大型連鎖零售商對上游供應商的影響越來越大。但是隨著網際網路電商的發展，甚至在某些產業裡電商的勢力已經超過了實體零售商。不斷增強的零售商力量可能更多地表現在電商力量的增強上。

▌趨勢八，逐漸成熟的零售技術

為了應對網際網路電商的競爭，實體零售商在對自身的不斷調整和完善過程中，零售技術也越來越成熟。逐漸成熟的零售技術能夠精簡後臺功能並提高零售商的營運效率，從而使人力成本得到大幅度降低。

▌趨勢九，逐漸模糊的通路邊界、業態邊界和品牌邊界

便利商店販售新鮮蔬菜和簡餐，超市內設有自助金融服務，書店裡提供熱咖啡……為了給消費者提供更好的消費體驗，零售商努力提供各種與本產業無關的服務，消費者也不會考慮從什麼通路購買商品，只要方便、舒適就好，於是零售業開始向著通路、業態和品牌邊界模糊不清的方向發展。

▌趨勢十，受到挑戰的商店經濟學

網際網路電商的發展嚴重威脅了實體零售產業。由於昂貴的地產成本，實體零售店舉步維艱，店家不得不重新布局實體門市。實體門市也開始從單純的銷售場所轉換成其他角色，例如消費者招募的場所或者產品體驗場所。至於未來主流趨勢如何，將會有很多不同的答案。

贏在終端：
O2O 時代，歐洲零售大廠的數位化轉型之路

　　隨著網際網路技術的發展和電商的成熟，越來越多的顧客已經習慣了網路購物，而這迫使傳統零售企業開啟轉型之路，以挽留顧客的心。一些大型的傳統零售企業轉型的辦法，是基於自身能夠給顧客提供親身體驗的優勢而增加一些新的服務，例如醫療等難以在網路進行複製的服務專案，進而從傳統的購物中心向多功能的生活服務中心轉變。

　　知名房地產投資管理公司世邦魏理仕（CBRE）就曾於 2013 年收購了德國的一家購物中心。之所以選擇這家購物中心，原因在於這家購物中心內部包含了一家診所。隨著人口高齡化，人們的醫療需求必然會不斷提高，而診所的存在會附帶增加購物中心的客流量。在 CBRE 擁有的另一家購物中心裡，則配備了一個地區行政管理辦公室和一個小型圖書館，給人們走進購物中心提供了不同的理由。

　　透過增設生活服務設施來提高客流量，雖然能夠造成一定的效果，但要想在行動網路時代更具有競爭力，就應該與網際網路思維相結合，取他人之長補己之短，用先進的技術刺激企業的長遠發展。

　　在西田（Westfield）等集團的購物中心，增加了電影院和餐廳等生活娛樂設施，以吸引顧客更長時間地停留。另外，為了刺激顧客消費，這些企業還透過 App 對使用者的消費行為進行追蹤，並派送優惠券，讓顧客線上下消費時享受更多優惠。

　　傳統零售企業如果增設了生活服務設施，是否就能夠重新搶占市場占

有率，與電商平臺相抗衡呢？答案恐怕並不樂觀。

由於網路購物具有不可比擬的便利性，即使傳統零售企業彌補些服務差距，也回天乏術。如果擔心零售市場會被電商蠶食鯨吞的話，除了被迫開展網路購物業務以外，沒有別的選擇。

目前，與傳統零售相比，網路購物還存在一些缺點，例如無法預訂停車位，但隨著網際網路技術的發展，這些問題的解決將指日可待。到時，人們如果可以從網路預訂或購買所有的商品和服務，那為何還花費大量時間和精力到實體店去呢？

如果網路購物已經成為必然的趨勢，那麼，與網路購物密切相連的倉儲產業就迎來了巨大的挑戰和機遇。

參照與倉儲發展密切相關的房地產產業，顧客消費習慣從實體向網路的轉移，在帶動倉儲產業發展的同時，也影響了投資者對房地產的投資。根據國際房地產諮詢機構的研究：目前的房地產投資已經呈現出一種明顯的趨勢，那就是為了實現相應投資的收益最大化，原先流入購物中心的資金已經轉移到了倉儲產業。

根據相關房地產投資機構的分析來看，目前倉儲產業投資的收益為6％至7％，高於購物中心最高投資收益（4％至5％），而且倉儲產業的收益呈現上升趨勢，而傳統零售的投資收益則開始下降。

當然，傳統零售企業如果自建倉儲的話，不僅成本較高，而且營運難度大。因此，一些零售企業可以共同合作，建立共同的倉儲中心，以透過較低成本保證倉儲中心分布的密度，讓使用者享受到更快的配送服務。

如果傳統零售企業拓展網路通路，是否就可以放棄實體店鋪呢？相關的研究資料顯示，與單通路相比，多通路銷售的利潤能夠高出30％至40％。

　　經過多年的發展，歐洲的零售大廠所擁有的門市數量已經十分龐大，而且分布極其廣泛。憑藉著已有的優勢，傳統零售大廠有能力提供分店取貨、分店存貨查詢、庫存清點等服務，有利於向線上市場滲透。

　　對於家樂福、沃爾瑪等歐洲的零售大廠來說，除食品外，其他商品的市場拓展已經基本飽和。透過採取一些差異化的試點改善顧客的體驗，零售企業取得了一定的成效，但從長遠來看，要想生存就必須拓展線上通路。

　　目前，各個國家的零售商都在採取適應顧客需求的線上與線下結合的銷售方式。家樂福在法國所採取的銷售模式，就是讓使用者透過線上選擇商品，然後到線下體驗和購買。

　　我們可以舉一個例子進行說明：一位法國顧客想買一臺冰箱，透過對比，他發現一家大型零售商網路的價格比其他電商平臺優惠 5％左右，於是，他登入這家零售商的 App，查詢到自己附近的那家門市還有一定的庫存量，他便線上進行了預訂。週日的時候，他開車到附近的門市，親自檢驗了那臺冰箱的效能，一切滿意後，他以優惠的價格購買了那臺冰箱，門市的工作人員安排了配送。收到冰箱之後，他再次登入 App 確認簽收，發現自己收到了一張價值 50 歐元的優惠券。

　　在英國，一些已經非常成熟的電商平臺已經開始拓展線下的業務。相比只能透過實體店鋪或網路平臺進行購買的單通路銷售方式，線上與線下結合的 O2O 模式更加靈活，能帶給顧客更好的購物體驗，也更有利於提高企業的競爭優勢。

　　英國一家線上零售企業，經過 3 年的發展累積了大量的線上使用者以後，為了滿足企業發展的需要，開始發展線下實體店。目前，這家企業的實體店已經超過了 100 家，雖然每家實體店的面積都不是很大，但能夠提

供給使用者的商品種類十分豐富，多達 15,000 種左右。

使用者可以透過企業的線上平臺對周邊門市的商品庫存進行查詢，然後再透過行動端進行支付，最後，可以根據自己的時間安排到店內取貨，也可以讓門市的工作人員安排宅配。當商品出現問題時，使用者可以透過線上顧客端預約售後服務，到實體店進行退換、維修，或讓員工上門服務。

在德國，這樣線上與線下相結合的 O2O 模式已經十分普遍。使用者線上購買的服裝，如果收到後試穿不合適或不喜歡，完全可以到附近的門市進行退換。

隨著電商的發展，人們在追求便利的同時，與購物相關的購物體驗、商品品質以及售後服務等方面的要求也會愈來愈高，所以，從長遠來看，多通路銷售必然比單通路銷售更有利可圖。

雖然單獨運作能夠更快地響應市場的變化，促進企業電商的發展，但在一個系統當中兩個體系完全分開的方式容易產生矛盾，未必能夠促進企業整體的發展。而被剝離出來的線上公司的發展往往會呈現出兩種趨勢：第一是發展壯大或出售；第二是與總公司融合，共同創造優勢。

為了透過多通路獲取更多的利益，部分歐洲的零售商還透過併購模式打造多元化通路。例如，為了擴大自身的規模、拓展通路優勢，英國最大的電子產品零售商 Dixon 收購了幾家獨立的消費品公司，並著手融合業務。

━━ 機遇 VS 挑戰：
傳統零售 O2O 轉型引發的終極商業思考

電商的發展和繁榮，在改變人們日常消費習慣的同時，也擠壓傳統零售的生存空間。對傳統零售企業而言，要想繼續生存就必須尋找新的出路。而眼下行動網路的發展，為傳統零售提供了新的轉機。在零售 O2O 的轉型下，將實體零售與電商和行動網路結合的全通路零售已經成為發展的必然趨勢。所謂全通路零售，並非簡單地進行多個通路的研發，它的實質應該是線上與線下的深層次融合。對於傳統零售企業來說，這將是一條漫長的道路，需要面臨營運經驗、顧客體驗、轉型思路、核心模式等多重挑戰。

畢竟，O2O 並不只是給傳統零售披上一件美麗的外衣，它需要傳統零售企業的角色進行根本的改革，需要企業對傳統的思維方式進行根本的創新，在策略層面進行深層的反思。

▌趨勢：全通路商業閉環如何形成？

面對電商的衝擊，傳統零售產業已經採取了相應的對策。由於行動網路與實體零售的結合具有先天的優勢，能夠更好地圍繞使用者的日常生活開展服務，所以很多傳統零售企業拓展網路通路的主要方式即是與行動網路結合。

對於傳統零售企業而言，與網際網路的融合必然會使企業的商業形態發生一定的轉變，但是零售的實質是不會變的。不管企業與誰合作，零售

的基本要素都是資訊流、商品流和現金流，而 O2O 是在透過行動通路豐富和完善每個要素後，再形成完整的商業閉環。

對轉型已迫在眉睫的大多數傳統零售企業來說，目前仍然處於研發網路通路的階段，至於如何形成閉環，是不得不思考的關鍵問題。

■改革：網際網路如何改變購物習慣？

如果我們將傳統零售企業拓展網路購物通路的途徑進行分類的話，可以從兩個角度進行：自建平臺與合作和發展電腦端與行動端。如圖 2-1 所示。

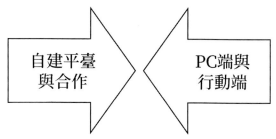

圖 2-1 傳統零售企業拓展網路購物通路的兩種途徑

1. 自建平臺與合作

我們先從第一個角度來進行分析。透過自建平臺拓展是有難度的，其原因除了自建平臺難度大之外，最關鍵的問題在於難以獲得流量。

相比而言，與大的平臺進行合作則要容易得多，效果往往會比較好。這就相當於你是願意把一家店開在人流量非常小的角落裡還是繁華的鬧區。對於零售企業來說，通路的拓展應該以顧客為核心，顧客在哪，你的通路就應該延伸到哪。

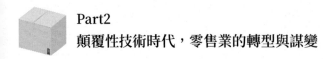

2. 電腦端與行動端

對第二個角度的分析，就需要先對傳統零售、電腦端零售和行動零售的特點進行比較。

★傳統零售

注重地理位置和顧客的體驗，一般的發展方式是門市擴張；但受時間、空間的限制，行銷的方式容易受到局限。

★電腦端零售

電腦端零售即傳統的網際網路零售，所包含的商品資訊更多、更豐富，消費者的購物決策過程往往較長，行銷的方式比較多元。

★行動零售

智慧型手機等行動裝置的特性，決定了使用者停留在行動電商平臺的時間不會太長，所以這種零售方式需要更加精準、簡潔。

因此，傳統零售企業要想建立更貼近消費者生活的行動零售 O2O，就應該對消費者的需求有精準的定位，而且支付的過程也應該盡可能方便。

▌核心：拿什麼吸引行動時代的消費者？

全通路零售的優勢在於能夠吸引更多的消費者，而如何把握這一優勢？如何更好地透過多種通路建立與消費者的關係？首先需要對各通路消費者的消費行為進行分析。

1. 線上消費 VS 線下消費

即使購買同一種物品，使用者線下的消費行為與線上的消費行為也存在很大差別。

線下消費時，使用者與物品能夠真實接觸，消費行為主要依靠自身的體驗和判斷；線上消費時，商品帶給消費者的感官不夠直接，但與其他消費者之間的互動性更強，消費者主要將自己的判斷與其他消費者的評價進行綜合，然後再做出消費行為。

尤其是行動網路時代到來以後，消費者的購物更具有社交化、行動化和時間碎片化的特點。因此，對企業而言，進行口碑行銷是十分重要的；另外可以使用大數據對使用者的消費行為進行統計，做出更加精準的分析和有針對性的行銷決策。

2. 行動端 VS 電腦端

雖然同樣是線上，但使用者在行動端和電腦端的購物行為仍然具有差別。在消費習慣方面，使用者在行動端和電腦端的購物高峰時段各不相同。使用行動端的高峰時間主要集中在三段：早上 8 點至 10 點之間，中午 11 點至 13 點之間，晚上 17 點至 21 點之間。這三個時間段大致與使用者上班、午休和下班的時間重合，而這正符合手機購物碎片化和行動性的特點。使用電腦端購物的高峰與行動端恰好互補，這與使用者在這些時間段更多使用電腦相符合。

3. 行動端 VS 實體店

★消費者的年齡

與實體店鋪相比，行動端的使用者年齡更為集中，20 歲左右的年輕使用者所占的比例要遠遠超過實體店鋪，同時，由於行動網路的社交性，這個年齡段使用者數量的成長速度更快。

★消費者的性別

對於零售產業，我們都有一個共識，那就是女性顧客的數量遠遠超過男性顧客。不過，在行動端，這一現象在發生變化，有關的調查發現，行動端男性顧客的使用者黏著度更高，購物的目的性也更強。

★消費者的購物需求

消費者在行動端的購物需求也與實體店有一定差異。在實體店鋪購物時，使用者往往更加注意性價比，傾向於購買更加實惠的商品；而在行動端，使用者往往更加注重商品的品質，這也是因為行動端購物的行銷方式更加多元，更能喚起消費者的購物慾。

在網際網路思維的影響下，零售業的銷售模式將發生深度轉型。全通路零售的服務經營模式應該呈現出實體店、電腦端和行動端深度融合、完美銜接的狀態，電腦端可以對企業及商品進行展示，行動端可以向使用者實時推送商品，而使用者看到心儀的商品後可以到實體店體驗和取貨。各個通路的優勢都能得到充分的發揮，消費者的購物體驗也將更加美好。

另外，當線上與線下達到一體化，使用者能夠自主與其互動的時候，與點數、優惠、儲值等相關的會員服務也會更加完善，使用者的購物將更不容易受時間和空間的限制。

▌挑戰：經營模式改革面臨哪些阻礙？

傳統零售的 O2O 轉型是一個極其複雜的過程，並非僅僅靠拓展通路就可以完成。由於既有模式的一些特點，傳統零售在轉型的過程中還會面臨重重阻礙。

　　許多零售企業的經營模式以聯營為主。聯營即百貨企業與供應商及其下屬的直營或代理經銷商聯合進行經營。聯合經營的具體分工如圖 2-2 所示。

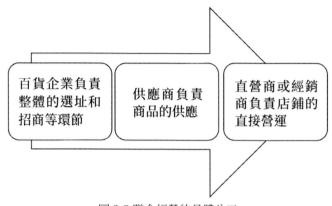

圖 2-2 聯合經營的具體分工

　　聯營方式雖然在多數國家已經營運得十分成熟，但要進行 O2O 轉型卻存在很多阻礙。例如，百貨企業對商品的管理許可權不夠，對商品資訊的了解不足；不能準確掌握店內商品的庫存；無法及時掌握和判斷消費者具體的消費情況等。在聯營模式中，傳統零售企業的營運深度不夠，所充當的角色類似於商品流通的管道。

　　要想充分推行 O2O 策略，就應該發揮電腦端和行動端的空間無限性特點以及實體店鋪方便使用者體驗的優勢，展現大數據的分析能力和供應鏈管理能力。因此，企業應該增加自營及自有品牌的比例。

　　另外，傳統零售企業還應該把握推進全通路改革的核心問題 ── 改善供應鏈，並使與 O2O 轉型密切相關的資訊流、物流和支付問題得到妥善解決。

█ 機遇：零售商的下一個角色是什麼？

傳統零售企業如果在 O2O 轉型的過程中能夠解決供應鏈管理的難題，那麼，其他問題也將迎刃而解，從而獲得更廣闊的發展前景，能夠在消費者的生活當中扮演更多角色，例如引領時尚潮流，指導日常生活，提供烹飪建議，甚至成為社交工具。

為了應對金融危機的衝擊，美國梅西百貨公司（Macy's）推出了 MOM（My Macy's、Omnichannel、Magic selling，也就是我的梅西百貨、全通路行銷、魔力銷售）全通路轉型策略。此策略的核心內容主要包括兩點。

7. 充分利用在地化優勢，根據門市所處的地理位置對商品的品類進行設定，以吸引周圍的消費者。

8. 充分利用網際網路，透過與電腦端和行動端的融合，一方面擴大影響的通路，改善顧客的購物體驗；另一方面利用網際網路大數據的分析能力，對顧客的消費習慣、消費回饋等進行分析，指導店內商品的選擇、布局和行銷活動。

透過實行 MOM 全通路轉型策略，3 年內梅西百貨的淨利潤複合增速達到了 59.50%，銷售收入複合增速也達到了 5.63%。

在推行 MOM 全通路轉型策略前，梅西百貨的調查就發現，一般情況下，消費者的購物通路並不僅僅局限於實體店或網路平臺，他們會根據具體的情況選擇更合適的購物通路。而實行全通路行銷，就是為了迎合消費者的這一消費習慣，讓消費者獲得更好的購物體驗。

在零售業的全通路行銷當中，大數據的作用是至關重要的。透過靈活運用大數據，能夠幫助零售企業掌握顧客的深層次需求，進行更準確的市場定位，提供更豐富和合適的產品，並加強與消費者的互動。

━━ 構建全新的零售閉環生態系統：
資訊流＋商品流＋現金流

　　網際網路的崛起，使得零售業的商業形態發生了巨大的變化，而行動網路時代的到來，則給零售產業帶來了新的改革。從網際網路時代到行動網路時代，零售並非僅僅從地面遷移到電腦，再轉移到行動端，而是整個業務場景都發生了深層次變化。

　　不過，無論平臺如何變化，零售的本質是不變的，始終是面向顧客經營商品，基本要素仍然是資訊流、商品流和現金流。在行動網路時代，零售產業要想獲得蓬勃的生命力，帶給顧客全新的體驗，就應該構建線上與線下深度融合的完整商業閉環。

▌一個完整的商業閉環：資訊流＋商品流＋現金流

　　艾瑞諮詢的統計資料顯示，2013 年，中國網路購物市場的交易規模同比成長 42%，達到 1.85 兆元人民幣；2014 年，中國網路購物市場的交易規模為 2.45 兆元人民幣。在未來幾年，雖然成長速度有所放緩，但網路購物市場的規模仍然呈現不斷擴大的趨勢，如圖 2-3 所示。

　　從網購人數及金額的變化情況來看，2006 至 2013 年，中國網購的人數從 3,357 萬增加到了 3.02 億，人均網購金額從 929 元人民幣提高到了 6,125 元人民幣。2006 年，中國網購交易額在社會零售總額中所占的比重為 0.41%，2013 年，這一數字已經成長到了 7.89%，如圖 2-4 所示。

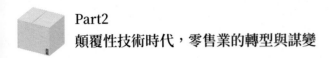

　　由於受到電商的衝擊，中國的傳統零售企業紛紛拓展電商通路。截至
2012 年，中國百強連鎖企業中開展網路零售業務的達到了 62 家。

　　雖然近兩年網購的增速漸趨平緩，但隨著行動網路時代的到來，零售
產業的格局正在發生新的變化，更適應行動網路發展和人們的消費需求的
新型商業模式逐漸形成。

　　艾瑞諮詢的統計資料顯示，2013 年，中國手機購物市場的交易規模同
比成長 165.4%，達到 1,676.4 億元人民幣；預計到 2017 年，這一數字將
接近 1 兆元人民幣，如圖 2-5 所示。

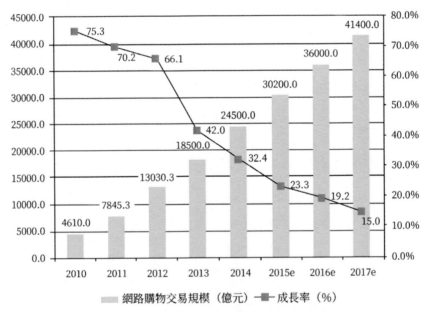

圖 2-3 2010 至 2017 年中國網購市場交易規模

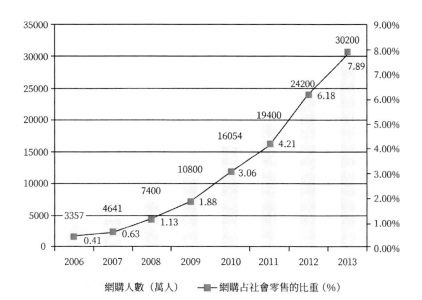

圖 2-4 2006 至 2013 年中國網購市場的變化情況

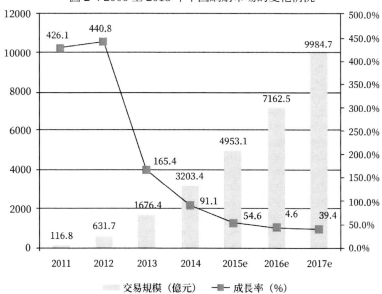

圖 2-5 2011 至 2017 年中國手機購物市場交易規模

與傳統的電腦端網購相比，手機購物的門檻要低得多。這一方面是由於智慧型手機的普及，網路使用者數目出現了巨大的成長；另一方面則是由於行動網路費率的下調和行動支付的便利性，使得人們網購的成本降低。隨著行動網路使用者群體的逐漸擴大，行動網購將會更加快速地在大範圍內蔓延。

根據艾瑞諮詢所做的分析，中國行動支付交易規模從 2012 至 2017 年會經歷兩個不同的發展階段，整體呈現先下降後上揚的趨勢，預計到 2017 年，中國手機購物滲透率將達到 24.1％，如圖 2-6 所示。

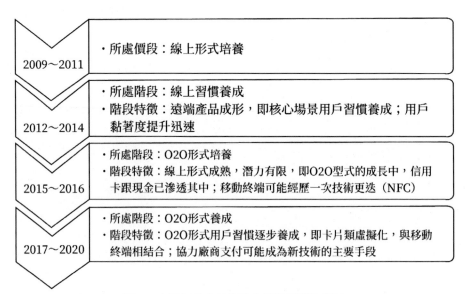

圖 2-6 中國行動支付整體交易規模增速模擬

不管是在傳統零售時代、電商時代，還是行動 O2O 時代，零售的本質都不會變化，零售產業的主要目的仍然是挖掘和滿足顧客需求，經營和銷售商品，所變化的主要是平臺，以及平臺所帶來的營運場景。

　　在行動網路時代，零售產業的最終業態應該是將實體店鋪與網際網路和媒體融合在一起，組成一個包含線上與線下的全新大零售生態圈，形成一個完整的商業閉環，保證資訊流、商品流、現金流的流通，如圖 2-7 所示。

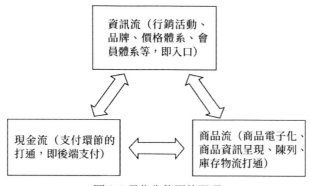

圖 2-7 零售生態圈的閉環

1. 資訊流

　　資訊流，即零售的入口，是零售活動的開端，主要包括企業的品牌、行銷活動以及會員體系和價格體系等。

　　在傳統零售時代，資訊流決定了店鋪的選址，地段就是流量；在行動網路時代，流量的概念依然重要，但決定流量的不再是地理位置，而是企業的品牌以及與顧客有關的要素，企業應該透過引流的方式來吸引顧客。

2. 商品流

　　商品流，即與商品相關的環節。在傳統零售時代，商品流主要包括產品配送以及商品的陳列；在行動網路時代，商品流還包括商品的 QR code 印刷、Wi-Fi 鋪設和物流倉儲中心建設等。

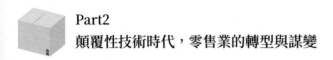
3. 現金流

　　現金流，即支付環節。與傳統零售時代相比，行動網路時代的支付環節需要更多的技術和平臺支援，例如，硬體軟體設定、支付流程設計、無接觸支付場景、個人預付和禮品預付等。

▌商業模式取得成功的關鍵：把握消費者的行為變化

　　不管零售業的平臺、商業模式如何變化，消費者的核心地位是不會變的。而消費者的行為往往會圍繞三個問題，即買什麼、去哪裡買和買誰的；答案會因平臺的便利性、店家的品牌和服務以及商品的品質而有所不同。

　　對於線上、線下兩種不同的購物方式，消費者的行為也不盡相同。下面我們就對這兩種購物方式以及 O2O 模式中消費者的行為進行分析，線上與線下購物的體驗對比如圖 2-8 所示。

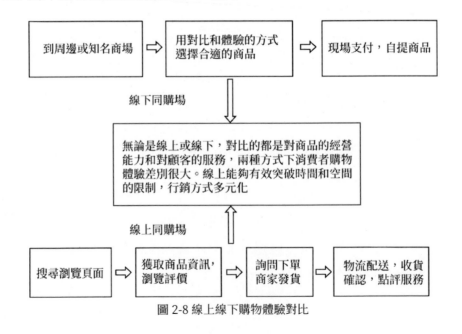

圖 2-8 線上線下購物體驗對比

1. 線下購物

消費者線下購物時往往是根據所在的位置以及個人的喜好選擇購物場所，購物時主要依據自己的主觀判斷，交易過程短，注重環境、服務等相關的購物體驗。

2. 線上購物

消費者線上的購物過程相比線下更加複雜，一般來說可以分成三類：

★ 第一類，目的明確，確切地知道自己要買什麼，例如打算買一瓶海倫仙度絲的洗髮精。

★ 第二類，目的不是特別明確，例如打算買一瓶洗髮精，但沒想好選擇什麼品牌。

★ 第三類，完全沒目的，只是隨便看，看到心儀的再決定是否購買。

線上購物的消費者當中，第二類和第三類的使用者不在少數，這類使用者比較傾向於參考其他消費者的評價，因此，商品和店鋪的口碑十分重要。在行動網路時代，人們的購物更傾向於行動化、社交化和碎片化，企業可以透過大數據對消費者的行為進行分析，以便更加有針對性地進行行銷。

從消費者的購物體驗來看，線上購物主要依據圖片和文字，消費者並不能直接與商品接觸，所以購物體驗有時容易受到影響；但線上購物不易受到時間和空間的限制，而且往往比線下購物更具有價格優勢，所以線上購物對消費者有很大的吸引力。消費者進行線上購物的流程一般如下：搜尋瀏覽頁面 —— 獲取商品資訊，瀏覽評價 —— 詢問下單，店家出貨 —— 物流配送，收貨確認，評價服務。

Part2
顛覆性技術時代，零售業的轉型與謀變

3.O2O 模式

與單純的線上購物或線下購物相比，在 O2O 模式當中，消費者的行為和體驗會發生很大的變化。由於在 O2O 模式當中，線上與線下已經深度融合，因此消費者可以根據具體情況隨時切換購物方式。

另外，消費者還可以在手機地圖上查詢附近的門市、收到門市推送的資訊、從線上領取店鋪的優惠券並到實體店進行消費，購買物品後還可以線上評價，給其他消費者參考，如圖 2-9 所示。

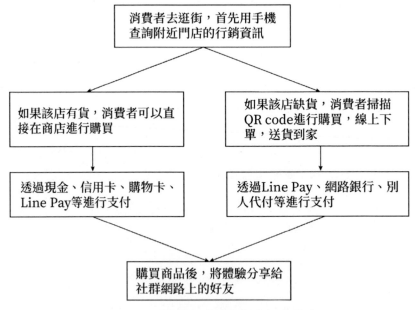

圖 2-9 O2O 模式下消費者行為互動的場景

從圖 2-9 所舉的例子中我們可以發現：O2O 模式線上與線下已經形成了一個完整的交易閉環，消費者的消費更加自主，互動性更強。隨著支付技術的進步，消費者購物時支付會更加方便，購物體驗更加優質。

▌全通路行銷已成為產業發展的必然趨勢

2008 年，受到金融危機的影響，美國零售大廠梅西百貨開始尋求轉型，最早開始嘗試 O2O，發展全通路零售。

金融危機給梅西百貨帶來了嚴重的打擊，2008 年，公司多項收入資料均出現負成長；2009 財政年，公司的銷售毛利率跌破 40％。為了改變公司低迷的狀況，梅西百貨開始推行 MOM 策略，並取得了不錯的效果。

所謂 MOM 策略，主要包括三部分。

第 1 部分，M（MY MACY'S，我的梅西百貨）

2009 年，公司開始實行「My Macy's」（我的梅西百貨）策略，這項策略的主要目的在於透過因地制宜的在地化策略吸引當地的消費者。

策略的主要內容是根據公司門市所處位置的地區特點和人們的喜好選擇商品。例如，美國地區廣闊，南北氣候的差異十分明顯，因此，南方的門市有更多的輕薄服裝出售，而北方的門市即使在夏天的時候，也會儲備一些毛衣和外套；一般每個門市當中都有 10％至 15％的地區自主商品出售；另外，為了吸引已經習慣網路購物的年輕人到門市購物，門市加強了對購物體驗和購物環境的投入。

第 2 部分，O（Omnichannel，全通路行銷）

作為美國零售產業的大廠，梅西百貨「觸網」的時間非常之早。1996 年，梅西百貨就擁有了自己的網站 macys.com，這正是梅西百貨的線上購物網站之一。雖然當時一年的收入僅僅為 3 萬美元，但在 2006 至 2008 年間，公司依然拿出 3 億美元對網站進行 IT 基礎設施建設。

2010 年開始，梅西百貨將線上與線下的資源進行了整合，推出了全通路行銷。策略的核心主要有兩點，如圖 2-10 所示。

圖 2-10 梅西百貨全通路行銷的兩大核心內容

★消費者購物體驗的改善

由於線上與線下進行了融合，因此消費者購物時更加隨意，能夠根據個人的需要而自主選擇購物方式，獲得更好的購物體驗。

另外，線下門市除作為購物的通路外，還兼具倉儲功能，使用者線上購物時，可以根據提示選擇距離自己位置較近的店鋪配送，提高物流的效率，減輕配送的壓力。

★進行大數據分析和精準行銷

打通線上與線下的界限之後，消費者在任何一種通路的消費行為都能夠被企業記錄，並成為大數據分析的來源。透過大數據分析，公司可以對店鋪的設定以及行銷方式等進行更準確的定位。

從 2010 年開展全通路行銷，到 2012 年時，梅西百貨營業額的成長率已經提升為 3.7%，其中，網路銷售的成長貢獻達到了 2.2%。可見，全通路行銷幫助梅西百貨緩解了金融危機和電商帶來的衝擊。梅西百貨全通路發展歷程如圖 2-11 所示。

在行動端，梅西百貨的表現也十分搶眼。2012 年，梅西百貨手機購物銷售收入超過 6,000 萬美元，在當年美國行動電商百貨類中排名第一。

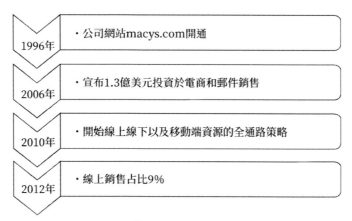

1996年　・公司網站macys.com開通

2006年　・宣布1.3億美元投資於電商和郵件銷售

2010年　・開始線上線下以及移動端資源的全通路策略

2012年　・線上銷售占比9%

圖 2-11 梅西百貨全通路發展歷程

第 3 部分，M（Magic selling，魔力銷售）

為了增強使用者黏著度，讓使用者獲得更好的購物體驗，梅西百貨制定了「Magic selling」（魔力銷售）策略。所謂魔力銷售，即透過對員工進行專業的培訓，讓員工具備擔任「購物顧問」的能力，當使用者需要時，能夠為使用者提供最佳的購物建議，提高商品的銷售效率，滿足使用者的購物需求，實現其「永遠給顧客帶來驚喜」的宗旨。

經過充分的培訓之後，梅西百貨的員工都具有了 4 項「超能力」：

★ 對產品的價格、保護方式、使用方式、製造過程、成分等相關資訊瞭若指掌。

★ 針對顧客的特點和需求進行銷售，為每位顧客量身打造銷售策略。

★ 在短時間內發覺顧客的潛在需求，激發顧客消費行為的產生

★ 不放棄潛在的顧客。

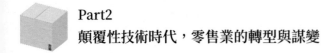

經過推行 MOM 策略，梅西百貨的業績得到了明顯的提升。

梅西百貨在經營過程中，發現大部分消費者的購物行為並不會在單一通路發生，而是根據當時的具體情況選擇合適的購物通路。因此，為了讓消費者獲得更好的購物體驗，梅西百貨率先推出了全通路行銷。

在全通路行銷中，大數據技術發揮了重要的功能。透過大數據的分析，企業可以增加與消費者的互動性，對消費者的需求和喜好有更加清楚的了解，因此，也能更好地對企業的市場定位和產品的選擇進行指導。

同時，在全通路行銷中，線上與線下的資源應該進行充分的整合。梅西百貨 840 多家門市既是線下的銷售平臺，也是線上的倉儲和配送中心。當消費者線上購物時，能在盡可能短的時間內收到商品，還可以到門市接受售後服務。

梅西百貨自有品牌的商品比例接近 46%，而且絕大多數的商品採用自營模式，其自身能夠對供應鏈系統進行不斷改進，但在行動網路時代，零售企業要想成功轉型，獲得長遠發展，就應該構建資訊流、商品流、現金流，三流缺一不可的全新的零售閉環生態系統。

━━【商業案例】
星巴克、百思買等零售大廠企業如何進行 App 行銷推廣？

　　App 的功能不僅僅局限於店內商品的展示，它還附有許多特色的功能，這些功能可以提升消費者的購物體驗、簡化購物流程，還可以與消費者進行互動溝通，實現行動終端與實體店面的完美搭配，加快建立 O2O 產業鏈的閉環。

　　以下是蘋果、百思買（Best Buy）和星巴克（Starbucks）等國際知名的零售商是如何利用 App 進行行銷推廣的一些例子。

▌蘋果應用程式商店（App Store）

　　蘋果應用程式商店圖示如圖 2-12 所示。

圖 2-12 蘋果應用程式商店

　　蘋果應用程式商店的 App 追求為消費者的每一次到店訪問都提供更極致的服務，讓消費者在消費過程中享受便利、快速的同時，也能享受非凡的購物體驗。蘋果商店中的 App 可以為消費者提供的服務：

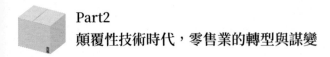

★ 可以透過 App 預約天才吧（Genius Bar）的專家服務，得到蘋果產品的實用技術支援。

★ 利用 App 可以在研討會或活動會場進行簽到。

★ 可以設定約會提醒。

★ 可以免費獲得 iPad 和 iPod 雕刻服務以及包裝商品的禮物包裝。

★ 可以檢視、評估和購買最新上市的蘋果產品

★ 還可以透過 App 查詢附近的蘋果商店。

Redox

電影租賃服務商 Redox 推出了自己的 App，消費者可以透過這款 App 產品租賃自助式租片機，當然這款 App 的功能還不止這麼簡單，消費者可以利用 App 進行預訂，當自助式租片機送到消費者眼前時，連 DVD 也都準備好了。消費者還可以透過 App 查詢 Redox 商店和可供租賃的影片，同時也可以找到附近的租片機等。

星巴克

在行動網路的布局上，星巴克是最早行動的，已經創造了許多經典的行銷案例。星巴克是在整合蘋果的 PassBook（後更新為 Apple Wallet）和星巴克的會員卡的基礎上推出的 App，這款 App 建造了快速支付系統，讓消費者實現了無現金支付，簡化了消費流程，節省了時間。消費者可以透過這款 App 實現登記會員卡、查詢餘額、檢視會員點數、檢視點數兌換記錄等服務，不同會員卡之間的轉帳也可以透過 App 來完成。

星巴克的 App 內還有簡易的地圖，使用者可以輕鬆查詢附近的星巴克，也可以查詢產品本身。星巴克還與社交網路工具 Facebook、X 建立了聯繫，使用者使用 App 的時候可以直接在這兩個社交工具上進行分享。星巴克 App 的介面如圖 2-13 所示。

圖 2-13 星巴克 App

塔吉特（Target）

使用塔吉特的 App，消費者可以更準確地找到想要的商品，從而體驗輕鬆方便的購物之旅。塔吉特 App 的其中一個設定是「我的購物單」功能，消費者在選購商品的過程中可以得到這個單子，同時還可以透過這個功能管理、儲存和查詢好友的購物單。

利用塔吉特的 App 可以查詢附近商店的位置，檢視商品的庫存情況。塔吉特 App 還包括條碼掃描、商品介紹、折扣、優惠券和語音辨識等特色功能，盡可能地為消費者提供更多的便利。目前這款 App 支援 iOS 和 Android 兩個系統。

▌西田購物中心（Westfield Malls）

西田購物中心也推出了自己的 App，這款 App 裡不僅有購物中心周邊的地圖和店家名錄，還提供搜尋功能，消費者透過搜尋不僅可以找到自己想去的商店，買到心儀的商品，還可以找到自己喜歡的餐廳和感興趣的活動。

這個 App 中還有 OpenTable 和 Movie Tickets 的服務，消費者透過這個服務功能可以預訂餐廳以及購買電影票。在最新版本的 App 中，消費者還可以透過語音查詢商店以及進行導航等。

▌百思買

百思買的 App 提供掃 QR Code 功能，消費者只要用手機掃描商品上的 QR code 或者條碼就可以檢視商品的詳細資訊和評論資訊等，也可以在 App 上建立心願單，查詢有庫存的商品，檢視購買記錄，當收藏的商品有優惠的時候 App 會提醒通知。

在不同的使用情境下，百思買還研發了一些非常有趣的應用，如 Buy Back 和 Excuse Clock。Buy Back 是在一次家電零售大廠聯合舉辦的一場家電回收活動中推出的一款 App，使用者透過這款 App 中的 Buybaculator 功能就可以得知正在使用的電子裝置的回收價格，從而推動消費者更換電子裝置；使用裡面的 Upgrade Checker 的功能可以獲知產品是否應該升級了；使用 Telephone Time Machine 功能可以讓消費者自行選擇鍵盤的外觀。

Excuse Clock 是由百思買研發的一款可以讓消費者獲得快樂以及緩解壓力的應用程式。開啟這款應用程式你就會發現它更像一個手機的桌面螢幕，而這正是它的特色所在，在這款應用程式裡，使用者可以自由設定時間。

▌家得寶（The Home Depot）

家得寶推出的 App 不僅可以讓消費者透過掃描 QR code 或者 Unicode 的方式檢視產品的具體情況和使用者的評價資訊，還可以在 X、Facebook 以及郵件上與朋友分享和互動，同時還可以直接將這些產品收藏在「我的購物單」裡。

此外，利用家得寶的 App 可以檢視商店的位置以及商品的具體資訊和擺放情況；App 中還內建有店內地圖，可以透過 App 購買或贈送電子賀卡、進行資訊回饋以及收看影片等。有了這款 App，消費者可以隨時購買，店內取貨，既便利又安全。

▌玩具反斗城（Toys "R" Us Shopping）

玩具反斗城出售的是玩具和嬰幼兒產品，對產品的品質要求比較高，而其推出的這款 App 可以讓使用者透過掃描 QR code 了解商品的具體資訊、使用者對商品的評價情況以及檢視與商品相關的影片等，這些對於關愛孩子的父母們來說是進行消費選擇的重要參考。

同時在 App 中消費者還可以從產品的價格、評價以及相關性等方面搜尋和瀏覽產品。這款 App 中還具有商店位置查詢以及推送優惠資訊和提醒的功能。

▌萬事達（MasterCard）

萬事達推出了 ATM Hunter，透過這款 App 消費者可以查詢使用者附近的 ATM 以及相關的資訊，還可以查詢到 PayPal 服務的店家資訊和位置。ATM Hunter 還會為使用者提供地圖服務，在地圖導航的幫助下可以更快

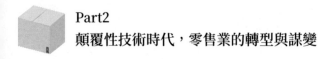
速地找到這些 ATM 機，還會為使用者提供一些金融小提示，提醒使用者在使用 ATM 機時注意安全。

GAP

美國最大的服裝零售公司 GAP 也推出了自己的 App，消費者可以直接透過 GAP 的 App 掃描服飾的最新款，也可以隨時檢視商品的庫存情況；掃描商品上的條碼可以了解商品的尺寸、顏色、介紹以及查詢是否有同種類型或款式的其他商品；還可以透過 App 直接下單購買；可以以郵件的方式與家人、朋友等分享中意的商品。

霍利斯特（Hollister）

霍利斯特在 App 中展示了多種款式的牛仔褲，消費者可以在 App 上任意點選圖片檢視牛仔褲的具體情況，模擬了在實體店檢視的情境，讓消費者可以更放心購買。

Teavana

茶葉零售商 Teavana 推出的 App 為消費者喝茶、買茶提供了有效的指導和極大的便利。透過這款 App 消費者可以更詳細地了解各種茶葉的搭配和有關 Teavana 茶的具體資訊，還為消費者提供相應的泡茶指導和飲茶的健康提示，讓消費者學會健康地飲茶。

當消費者在使用 App 的時候，後臺會自動收集消費者購買茶葉的資料和資訊，幫助消費者在購茶的時候更快速地找到想要的茶葉。消費者還可以利用 App 查詢附近的 Teavana 茶店，App 會根據消費者所泡的茶葉播放

不同的音樂，讓消費者在飲茶的同時感受音樂的美妙和薰陶。

此外，消費者也可以透過 App 直接在 Facebook、X 以及 Email 上與家人、朋友分享自己喜歡的茶葉以及泡茶的技巧。

▋傑西潘尼（J. C. Penney）

傑西潘尼的 App 打破了時間的界限，消費者在任何時間只要輸入關鍵的搜尋條件都可以查詢到滿意的商品以及檢視使用者對商品的評論；消費者在 App 上可以直接使用 jcp 點數、購物卡以及透過 Paypal 帳戶購買商品；使用手機下單後可以享受宅配到府服務或者直接到最近的實體門市去自取；可以查詢到附近傑西潘尼的商店和庫存情況；也可以利用 App 直接與線上的客服人員進行聯繫，了解商品的具體資訊。

▋沃爾瑪

沃爾瑪推出的 App 雖然有別具一格的特色，但是相對於其他零售商的 App 而言，比較缺少社交元素。沃爾瑪的 App 支援使用者使用語音進行對話；它彙集了優惠網站 Coupons.com 的打折資訊，讓消費者在購物時可以享受更多的優惠；透過 App 也可以隨時檢視商品的位置；在 App 裡也有掃 QR Code 功能，消費者使用這個功能可以掃描商品上的條碼；同時 App 裡也有地圖導航功能，可以幫助消費者查詢到最近的商店位置。

▋亞馬遜

亞馬遜的行動 App 可以讓消費者隨時隨地地查詢商品的資訊以及評價，為消費者的購物選擇提供重要的參考；透過 App 也可以享受一鍵下單

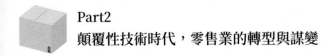

和 Prime 服務，在這款 App 上可以建立心願單，同時也可以記錄商品的交易資訊，可以查詢商品物流和更改訂單等。

消費者還可以利用手機的拍照功能將自己中意的商品拍下來，然後照片會自動上傳到亞馬遜官網路，會透過搜尋自動出現類似的商品，為消費者的購物提供更多的便利。亞馬遜還為消費者提供了 Price Check by Amazon 功能，使用這項功能，消費者只要掃描條碼或者拍攝圖片、輸入商品的名稱就可以與同類商品進行比較，從而篩選出性價比最高的商品。

eBay

eBay 推出的 App 不僅面向消費者，同時還面向店家。店家可以透過 App 檢視商品的銷售狀況，並利用其進行突破時間和地區限制的行銷。eBay 為消費者提供的服務有：可以將正在參與競價和消費者正關注的商品的交易情況以資訊提示的方式通知消費者；可以讓消費者做出一定的消費選擇；可以透過掃描條碼的形式獲得商品的具體資訊以及進行比價；使用 App 還可以實現 Paypal 快速支付。

在 eBay 的 App 中還為消費者提供了更簡單實用的功能，例如我的 eBay、團購等。此外，eBay 還專門推出了一款針對汽車和汽車配件銷售的應用程式 —— eBay Motors；專門進行條碼掃描的應用程式 —— Red Laser；專門購買服飾類商品的應用程式 —— eBay Fashion 等。

Part3

全通路零售：

數位化零售時代，重塑未來零售業圖景

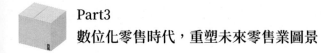

▬ 全通路零售模式：
關注顧客體驗，讓購物無處不在

　　全通路零售（Omnichannel retailing）是指企業為了滿足消費者任何時間、任何地點、任何方式購買的需求，而採取的實體通路、電商通路和行動電商通路整合商品或服務銷售方式，為任何通路的顧客提供無差別的購買體驗。

　　然而，無論在學術界還是商界，目前對於全通路零售的理解還處於初步的探索和討論階段，從另一個方面看，產業對這個詞彙解析得越困難，越是意味著全通路零售可能蘊含著大量的機會或挑戰。也就是說，率先實行這種模式的企業越是可能獲得巨大的早期利潤。

　　相比於學術界的探討，我們更關心零售商業領域對它的理解，以及各企業為之制定的策略決策，既包含生產企業的零售通路決策，也包括零售企業自身的零售通路決策。

▋「全通路零售」一詞的來源

　　「全通路零售」這個詞彙最初的來源已不可考，在官方的記錄裡，最早出現在 2011 年第 12 期《哈佛商業評論》（*Harvard Business Review*）裡的一篇文章〈購物的未來〉（"The Future of Shopping"），該文章寫道：

　　「隨著形勢的演變，數位化零售正在迅速地脫胎換骨，我們有必要賦予它一個新名稱『全通路零售』。這意味著零售商將能透過多種通路與顧

客互動，包括網站、實體店、服務終端、客服中心、社群媒體、行動裝置、上門服務等。」

■「全通路零售」一詞的分解

「全通路零售」這個詞彙，從字面上可以分解為「全」、「通路」以及「零售」三個部分。

★ 「全」，表示「完備，齊備，完整，不缺少」，結合整個詞彙，應該理解為「較多」的意思，也可以理解為「泛」。

★ 「通路」，原比喻「可通行的管道、路徑」，在行銷學中通常指配銷通路或行銷通路。對於它的定義，目前存在著兩種主流觀點：一種觀點認為，通路是產品從生產者流向消費者過程中經過的組織機構，如批發商、零售商等；另一種觀點認為，通路是產品從生產者手中向消費者手中轉移的路徑或者過程。在「全通路零售」這個詞彙中，「通路」無疑指的是第二種觀點所說的「路徑或者過程」，包括自有或他人所有的直銷、網路銷售、Email 行銷、手機行銷、Facebook、X 等通路方式。

★ 「零售」，「零售」就是零散的銷售，指「零售商向個人或社會集團銷售用於最終消費的、非生產性產品和服務的行為」。然而，隨著網際網路經濟的發展，傳統的「零售」定義又有了新的延伸。

從行為主體來看，從事零售活動的不再局限於專門的零售商，製造商、批發商，甚至個體消費者，都可以進行零售活動，例如，網路交易出現了 B2B、B2C、C2C、C2B 等交易模式。

從行為本身來看，現在的零售行為已經越來越多地與批發行為混在了一起，二者相互交織，相互融合，很難把彼此分得清楚，很多零售商同時

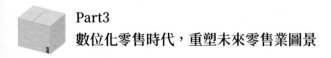

也經營批發業務，如倉儲商店就是以批次銷售為主的零售商。

從零售範圍來看，一次大規模的零售活動可能需要多個部門合作，另外，與個人打交道的工業品銷售也具有許多零售交易的特徵。所以說，現在的零售領域已經大大擴充，幾乎涵蓋一切交易行為。

▋「全通路零售」概念的定義

從工業時代的單通路銷售，到網際網路時代的多通路、跨通路銷售，再到行動社交時代的全通路銷售，零售方式隨著時代的發展一步步演變至今，如圖 3-1 所示。

圖 3-1 全通路零售演變歷程

1990 至 1999 年，巨型實體店連鎖時代到來，多品牌化實體店數量減少。零售通路只有單一的實體店鋪。

2000 至 2011 年，電商迅速發展，零售商採取了線上和線下雙重通路並駕齊驅的銷售方式。

2012 年開始，企業關注顧客體驗，有形店鋪地位弱化。企業採取盡可能多的零售通路類型進行組合和整合，包括有形店鋪和無形店鋪，以及資訊媒體等。

全通路是由單通路、多通路、跨通路等銷售模式一步步進化而來的，由實體店、網路商店和快閃店等銷售平臺共同構成，然而在理論上還缺乏清晰的界定。要更深刻地理解多通路零售的定義，還需要回到這幾個基本概念。

★零售通路

零售通路指的是產品或服務從某一經營主體轉移到某個消費主體過程中所經過的路徑，這些產品和服務用於終端消費，一般每次交易量都比較小。每次交易完成時所經過的所有路徑，就是一條零售通路。例如，百貨商品透過超市賣給顧客、圖書透過網路商店賣給線上消費者，各自都構成一條零售通路。

零售通路的具體規模，透過長度、寬度和廣度等維度進行衡量。產品從生產企業生產出來，最後到消費者手中使用，這個過程中經歷的環節就叫作通路的長度。

也就是說，產品從廠商到消費者之間經歷的中間商越多，就意味著這條通路越長；如果消費者直接在廠商購買，那這條通路就很短。在一條通路中，如果同一地區的同一個環節，有很多中間商可供廠商選擇，那麼這條通路就是一條很寬的通路，反之就說通路很窄。

產品從廠商到消費者手中，如果有許多條通路可供選擇，說明這個產品的銷售通路很廣，產品從哪一條通路都能到達消費者手中；反之如果只有一條或幾條通路，就說明這個產品的銷售通路很狹窄。

長度、寬度和廣度共同構成了通路網路，因而企業在做策略決策時會參考這些內容，另外，這些維度也可以作為全社會通路評估的標尺。

★單通路零售

許多企業認為，既然傳統零售模式是透過實體門市來進行銷售的，而傳統零售是單通路零售，那麼所謂單通路零售指的就是實體店零售。這種邏輯乍一看沒什麼問題，仔細考慮就會發現它的漏洞。

單通路零售指的是只有一條通路的零售，產品或服務只透過一條通路由廠商轉移到消費者手中，所以只要是一條通路的零售都是單通路零售，不管這條通路是實體店零售還是網路商店零售。

★多通路零售

很多企業認為多通路零售就是「實體店＋網路商店」的配銷，這種觀點也有失偏頗。從學術角度來看，多通路零售指的是企業採用兩條及以上完整的零售通路進行銷售活動的行為，但是這種模式一般要求顧客在一條通路內完成全部的購買過程。

例如，汽車廠商對於團購顧客採取直銷通路銷售，對於個體消費者採取 4S（Sale、Spare Part、Service、Survey，也就是整車銷售、零配件、售後服務、意見調查）店鋪的配銷通路銷售，每條通路都獨立完成銷售的所有環節，兩條通路完全沒有交叉。

這種零售方式最早出現於 20 世紀初，美國西爾斯公司（Sears）當時的零售方式就是店鋪銷售和郵購銷售兩種通路。

★跨通路零售

對於跨通路零售，很多企業以為只要是同時具備實體店鋪、網路店鋪和快閃店就是跨通路零售了，其實，這樣的銷售模式仍然屬於多通路零售。

跨通路零售模式下，每條零售通路都是不完整的，每條通路僅完成零售過程中的一個環節，整個銷售過程是由多條通路共同組成的，例如，企業先透過電話通路與消費者溝通，向其介紹商品資訊，然後消費者在實體店進行購買，之後企業透過客服中心對顧客進行售後服務。

★全通路零售

全通路零售模式下，企業將盡可能多的零售通路類型進行組合和整合銷售，以期滿足顧客在購物、娛樂和社交多方面的綜合需求，這些通路類型包括有形店鋪（實體店鋪、服務地點）、無形店鋪（直銷、直郵、電話購物、電視購物、網路商店），以及資訊媒體（網站、客服中心、社群媒體）等。

現在，幾乎每一種媒體都能成為一條零售通路，隨著新媒體的不斷出現，跨通路模式逐步進化為全通路，企業面臨更多通路類型的選擇和整合。

在傳統模式下，顧客購買行為的全部過程都在一家店鋪裡完成，而在全通路模式下，消費過程的所有環節都有多種通路可供選擇。從這個角度來看，企業的全通路零售，就是顧客的全通路購買，如圖 3-2 所示。

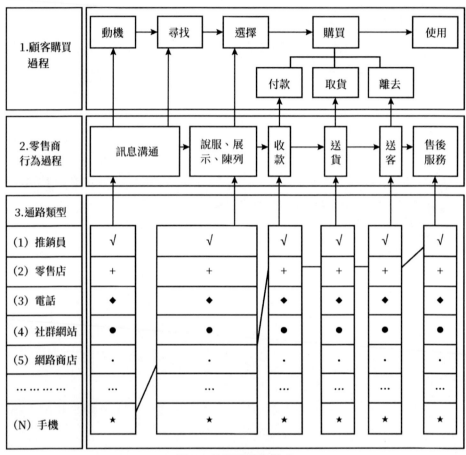

圖 3-2 全通路零售模式

　　零售市場已經進入全通路時代，但是這並不意味著所有的企業都必須採取全通路行銷進行銷售，每家企業需要綜合考慮自己所在產業的特色、目標顧客的需求以及競爭對手的情況，對所有方面進行全面的分析之後，再決定是否採用全通路零售模式。

O2M 全通路：
行動網路時代，拓展新的零售業態

在歐洲和北美全通路不僅僅停留在概念層面，已經落實到了具體的實踐中。

當電商的營業額占到市場總營業額的一半的時候，這場戰爭的勝負已見分曉。因此在意識到電商的重要性之後，零售商們加快了在電商領域的發展步伐。

約翰路易斯（John Lewis）將電商作為公司業務發展的重中之重，以消費者為中心促進全通路購物體驗的創新和提升，電商的營業額已經占到了其公司總營業額的 25%。過去以產品和實體店為中心的傳統零售配銷模式已經被以消費者和電商為中心的全新模式所取代。但是在激烈的市場競爭中，並不是所有進軍電商的零售商都能大獲成功，零售商們也要做好充分的心理準備和補救措施。

據德勤（Deloitte & Touche）法國公司介紹，在法國的零售市場上，排在前 20 名的零售商中，電商的貢獻率已經達到了 20%。在這 20% 有七成來自行動商務，其餘來自線上網路商店。

有人認為，百貨零售企業就像是恐龍一樣，即便在過去的百年中能稱王稱霸，但是在電商時代，它們即將走向滅亡。但是法國老佛爺（Galeries Lafayette）、澳洲 Myer、英國約翰路易斯、美國 Saks 5th Avenue 等全球百貨零售企業卻順應局勢發展，在電商時代實現了復興和崛起。

O2M —— 全通路行銷的捷徑

全通路行銷不僅事關每一個零售商的前途命運,而且也與消費者的體驗以及員工的價值實現有著密切的關係。

據業內人士分析,零售產業要具體實踐全通路行銷,關鍵的突破口就是 O2M。所謂的 O2M,可以將其解釋為 O2O 的細化市場範圍。

它代表兩種含義,一種是 Online to Mobile(線上電商與行動網路的結合);另一種則是 Offline to Mobile(線下實體店與行動網路的結合)。但是 O2M 主要以 Offline to Mobile 的通路行銷為主,透過線下實體店做好消費者的體驗,透過智慧型手機為消費者提供優質的服務,如圖 3-3 所示。

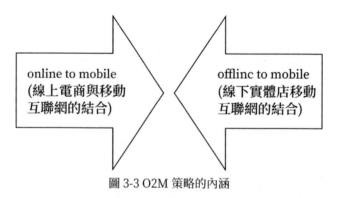

online to mobile
(線上電商與移動
互聯網的結合)

offlinc to mobile
(線下實體店移動
互聯網的結合)

圖 3-3 O2M 策略的內涵

之所以將 O2M 作為全通路行銷的重要突破口,原因就在於零售企業的優勢在於線下實體店有比較大的流量,但是線上卻沒有自己的流量,需要花錢去買。而且無數零售商的實踐證明,斥巨資做網路商店只會變成無源之本。

如果是做 Offline to Online 的話,更沒有什麼價值可言,假設將線上和線下的顧客群比作兩個圓圈,兩個圓圈的重疊率只有 10% 左右。換句話說就是線上和線下的顧客群基本還處在兩個不同的世界裡,習慣去實體店

的消費者去網路商店的次數很少，而習慣網購的消費者幾乎很少去實體店購物。

雖然沃爾瑪等零售企業已投入了大量的資金支持網路商店的建設和經營，但是卻依然沒有動搖電商大廠們在電商領域的霸主地位。因此大量的零售企業在電商領域還是在小打小鬧，這對於電商大廠們來說就相當於搔癢，根本構不成威脅。

總而言之，電商大廠們線上的地位已經牢不可破，實體店面的零售商們要想跨進這個領域去分一杯羹基本已無可能，因此對於它們來說，在行動網路時代到來之際，要順應潮流發展不至於被淹沒在行動網路的浪潮中，就必須開闢一個新的戰場 —— 全通路，而 O2M 就是實體店面進入全通路戰場的一條捷徑。

行動網路的發展使得人與人之間的聯繫更加密切，並實現了全天候和實時連線，Facebook 公開宣稱已經成為 Mobilecompany，在全球擁有 11 億使用者，每天活躍的使用者中有 7.5 億屬於行動使用者。

O2M 擁有非常龐大的使用者群，實體店面的顧客群中有 60% 的顧客有智慧型手機，這也為實體店面構建客製化的、行動的、社交購物商店創造了有利的條件。對於電商 1.0 公司，O2M 的顧客群也比較大，網路商店的顧客群中有 80% 的使用者有智慧型手機。

對於實體店面而言，全通路行銷是能讓他們看到未來的一個重要策略，就是在 SoLoMo（Social、Location、Mobile，強調「在地化的行動社群活動」）顧客群的基礎上，運用 O2M 模式，發揮實體店面零售商的在地優勢，將實體店面的在地消費群轉化成為 SoLoMo 行動的、社交的顧客群，以期在激烈的競爭環境中提升競爭實力。

全通路部署的三步走策略

如圖 3-4 所示。

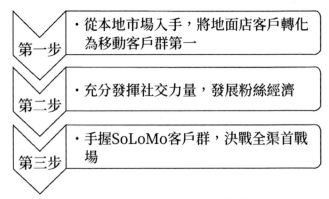

第一步	·從本地市場入手，將地面店客戶轉化為移動客戶群第一
第二步	·充分發揮社交力量，發展粉絲經濟
第三步	·手握SoLoMo客戶群，決戰全渠首戰場

圖 3-4 全通路部署的三步走策略

第一步：從在地市場入手，將實體店面顧客轉化為行動顧客群

對實體店面而言，商品的品類還是要以實體店面裡的商品為主；對於大多數電商企業而言，商品的品類要盡量做到精細和精緻。對於這兩種公司來講不適宜做全品類的銷售業務，雙方可以聯手一起創造更美好的未來。約翰路易斯就已經與 5,000 多家企業建立了合作關係，並攜手共建電商和自取地點。

對於實體店面來說，優勢在於其擁有龐大的實體店面，因此不要將主戰場放在全國範圍，而是要學會從在地市場入手，深挖實體店面城市，將實體店面的顧客轉化為行動顧客群，這些被轉化的行動顧客就是實體店面跨進電商領域的首批電商顧客，也是推動其電商業務發展的重要力量。

要將實體店面顧客轉化成行動顧客群並不是研發一個行動 App 就可以實現的，必須要發揮社交的作用，合理引導顧客向行動端移動。

第二步：充分發揮社交力量，發展粉絲經濟

有了龐大的粉絲群之後，接下來的工作重點就是要學會經營粉絲群。對於品牌商和零售商而言，不要試圖用自己的思維方式去控制粉絲的對話，因為這樣做的結果肯定會失去更多的粉絲，因此唯一的選擇就是融入到粉絲群中，成為對話的一分子，透過粉絲的對話了解消費者的需求，開展更精準的行銷。

第三步：手握 SoLoMo 顧客群，決戰全通路戰場

大部分的零售商們只要掌握 3,000 萬 SoLoMo 數位顧客群，就可以在激烈的競爭中搶占先機。因此對於實體店面而言，不要在電商企業面前弱了勢頭，因為與它們相比，實體店面不僅擁有龐大的顧客群、全通路行銷、O2M 路徑，還有豐富的零售實戰經驗，只要樹立網際網路思維，一定可以在最短的時間裡趕上它們。

對於實體店面而言，要在行動網路時代的這場全通路陣地戰中贏得勝利，必須重視三個要素：速度、地區和社交。

▍消費者將主導第三次零售革命

全球的零售商在經歷了無數次的失敗後得出結論，只有改變遊戲規則，改變戰場，改變自己的思維方式，才有可能趕上和打敗競爭對手。

在未來 10 年，全球 60 億人口之間將會透過社群媒體、行動網路、可穿戴裝置建立直接的聯繫。隨著大數據、物聯網、雲端運算等技術的發展，再加上雲端製造、3D 列印、行動網路的推動作用，零售產業將迎來第三次零售革命，身為革命主角的消費者將會登上自己的主場。

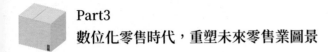

Part3
數位化零售時代，重塑未來零售業圖景

這個時代的中心是消費者，是全通路、全天候、全頻道和更加客製化的消費者，「我的消費，我做主」的消費觀念已經逐漸深入消費者的內心。

儘管目前全球的零售產業依然沒有擺脫傳統秩序的桎梏，但是消費者渴望衝破桎梏的聲音讓零售商們看到了新時代的曙光。

一家可以稱得上偉大的企業必然有能力超越它已有的成績，當零售商們走在這個改革時代，積極尋求新的改革的時候，過去的榮光和成就已經變成了過眼雲煙。生活就是一場冒險，如果不去勇敢嘗試，你永遠不會知道未來的風景有多美。

消費者主權時代，實體零售商如何構建全通路行銷？

近幾年，隨著網際網路對傳統商業的不斷滲透，零售業進入了一個嶄新的消費者主權時代。在 2013 年初召開的美國零售聯合會全球零售大會上，認為消費者主權、數位化零售業、全通路成為現代零售業的未來發展趨勢已成為共識，可以預見，當伴著網際網路成長起來的下一代長大成人，線上零售占領的市場將會更大。

美國零售聯合會提出的三大趨勢，如圖 3-5 所示。

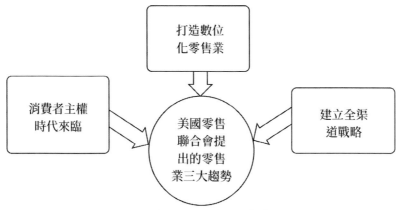

圖 3-5 美國零售聯合會提出的零售業三大趨勢

消費者主權時代來臨

消費者主權可以由一個新的詞彙「CEC」（Customer Experience Center，首席執行顧客）來形象展現出來，這個詞彙是由全球資訊產業領導企業 IBM 提出的。在 IBM 看來，置身企業之外的顧客已經開始對企業

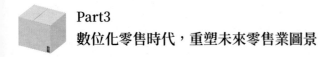

的營運方向和發展策略產生了越來越大的影響，因此 CEC 應當與 CEO、CFO 等執行長一樣，參與到企業的創新和供應鏈上游的活動中來，成為企業結構中不可或缺的一分子。

未來，消費者將更多地融入企業的價值鏈中，企業要以顧客為中心，以技術為平臺，構建一個針對消費者的全方位接觸系統，用於搜尋消費者資料，並對其分析整理，深度挖掘消費者的需求和心理，在此基礎上讓消費者獲得更滿意的使用者體驗。

從現在對目標顧客群的研究，深入到對每一個顧客的探索，這樣，企業就能夠實現針對每一個消費者的精準行銷，為其提供最有價值的產品和服務。

要針對消費者個體進行精準行銷，企業就必須改變傳統的行銷方式，而具體如何行動才能真正融入「首席執行顧客」時代呢，這就需要打造全面數位化的零售業，實行全通路行銷。

▋打造數位化零售業

從前，零售企業並不知道誰將成為他的顧客，更不了解顧客的實際需求，只有消費者走入零售賣場，在收銀臺結帳時，零售商才知道消費者購買了什麼商品。

現如今，從經營賣場的零售企業，到在賣場銷售產品的品牌商，都開始重視消費者的地位，他們邀請消費者更多地參與進企業的營運過程，保持與消費者之間的溝通，尊重消費者的意見和想法，關心消費者的真實需求，也鼓勵每一個消費者主動表達他們客製化的需要。

零售領域的企業開始無比關心起自己的顧客，他們是誰？他們在想什麼？他們需要什麼？他們喜歡什麼？討厭什麼？他們在什麼情況下會感到

滿意和高興？他們遇到什麼情形會感到厭煩，會覺得被侵犯？

只有了解到顧客的方方面面，將每一個顧客數位化，透過社交網路和消費者建立全面的社交關係，零售企業才能真正實現對消費者需求的深度洞察，做到針對個體消費者的「1 對 1」精準行銷。

建立全通路行銷

在網際網路時代來臨之前，零售企業的行銷通路只有賣場門市這一條，顧客若要購買某件商品，只能去實體商店購買。隨著網際網路的發展，各種線上銷售平臺興起，企業零售有了更多的通路，開始進入跨通路行銷時代。

然而，無論是單通路還是多通路行銷，零售企業都是站在自己的角度進行的，從他們的視角看，消費者都是被分割的。例如一個顧客分別在同一家零售企業的實體賣場、網路商店和行動端應用進行了消費，但是實體賣場的消費點數不能應用於網路商店，而網路商店的優惠在行動端也可能享受不到。企業將不同通路的交易看作是來源於不同的消費者，他們彼此之間相對獨立存在。

而全通路就可以解決這樣的問題。全通路行銷就是要圍繞消費者建立一個統一的、360 度無死角的顧客全像投影，在這個系統裡面，無論消費者在何時於哪個通路進行消費，都能獲得一致的購物體驗，無論實體店、網路商店，還是快閃店、社交商店，所有的點數政策和優惠活動全部通用。

消費者在實體店鋪購物的時候，經常會遇到缺貨的情形，導致了不好的購物體驗。據統計，零售企業每年因為實體店尺寸短缺或缺貨導致的銷售損失達到 17%。為了避免這一部分的損失，很多企業紛紛改進了自己的行銷體系。

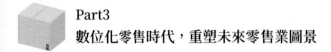
拿愛迪達（Adidas）舉例來說，2011 年開始，愛迪達各門市都出現了一個新的裝置 —— 數位鞋架，它就像一個大尺寸的平板電腦一樣，有大量的內容和方便的操作，消費者可以直接透過這塊螢幕來選擇中意的產品，並且可以從任何角度檢視產品細節，可以旋轉，可以放大，還可以閱讀更詳細的產品資訊。這個數位鞋架可以容納 10 萬雙鞋，連同它們的各種資訊，極大程度地改善了消費者的購物體驗。

不僅傳統零售企業在改變策略，包括亞馬遜在內的網際網路電商也在積極布局，很多電商已經計劃開設實體體驗店，布局線下通路，實體零售企業和網際網路電商之間的邊界將逐步消失。

實體店鋪透過配置數位貨架之類的 B2C 終端，可以實現將線下實體賣場的顧客轉化為線上虛擬店鋪的流量，同樣地，透過線上發起線下促銷活動，網路商店、快閃店或社交商店的消費者也可以轉入線下賣場消費，最終實現線上與線下自由流通的 O2O 商業模式。

零售企業需要將從前各自為政的各種銷售通路進行重新整合，給每個消費者提供全方位一體化的優質服務和極致體驗。在這種模式下，每個通路的單獨優勢被無限弱化，它們之間高度合作，互相包容，達到無縫融合，所有庫存也為所有通路共享，即是說，線上商店可以賣實體賣場的貨物，實體店鋪也可以消耗快閃店的庫存。某一家店鋪缺貨或尺寸短缺的情形將徹底消失，未來，如果消費者在某一家店面沒有買到心儀的商品，那就意味著在任何地方都買不到了。

零售企業要進行全通路行銷轉型，那麼從董事會成員到基層員工，都要意識到改革的緊迫性，上下一心完成企業轉型。在具體的執行部分，企業需要抓住以下幾個重點。

★ 既然是零售產業，那麼就要堅持零售的精神，分辨清楚哪些人是自己的顧客，他們來自哪裡，他們關心什麼問題，他們想要購買什麼樣的商品。

★ 零售觀念也需要改變。傳統的以地區為座標劃分的商圈觀念已經落伍，網際網路已經形成了一個特色為主的零售商圈，在這些新的商圈裡，人們跨越了時空障礙，完全按照個人喜好聚在一起，零售交易就在這些網際網路商圈裡進行。

★ 在網際網路商圈，零售企業要組建專業的團隊負責網路零售業務，這個團隊的所有工作都要圍繞消費者需求鏈來進行，透過零售經驗和零售精神的資源整合，實現線上線下後臺服務的統一。

當下，傳統零售企業的線上業務團隊往往來源於 IT 產業，他們雖然熟悉網際網路精神，但是缺少零售背景，因而開拓線上市場的能力有限。在這一點上，沃爾瑪做法就值得借鑑，它們的線上業務都交由菁英零售團隊來管理，採用零售精神為網際網路顧客提供優質服務。

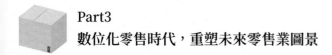

▬ 美國零售商的全通路玩法：
為消費者提供極致的購物體驗

一般百貨企業採用的零售模式是 O2O 模式，但是在美國，採用的是全通路零售，雖然在概念上有所差異，但是僅從營運層面上來看，二者在本質上是相同的。

對於零售企業而言，如果企業的產品品類能力沒有實質性的進展，卻一直要求實現行銷變現的目標，很容易讓企業陷入兩難的發展境地。

▌O2O 零售全通路特徵

在網際網路的發展環境下，已經有很多零售企業開始進軍 O2O 領域，並取得了一些初步性的進展。他們的 O2O 實踐大致有兩個共同的特性。

1. 對大型電商的產品依賴性比較強，重點是設定以客流匯入為主要目標的場景和業務。在營運前期可能會透過網際網路開展優惠活動、流量匯入、行動支付以及發展、管理會員等，營運後期會靠這些產品進行 CRM（Customer Relationship Management，客戶關係管理）、資料分析、會員精準管理等，但營運的重點還是在市場行銷方面。
2. 零售企業在開展 O2O 體驗的過程中，應用場景方面完全依賴於平臺化的產品，缺乏自然和常識性的體驗設計。

下面以一般百貨企業的兩個應用場景為例。

場景一：圍繞行動支付產品開展的業務設計

這是行動支付企業提供一些優惠或者回饋金的補貼，再配合上店家提供一些商品和營運，雙方合作進行行銷和推廣。消費者在實體店購買商品時，店員會為消費者開立一張付款單據，消費者拿著單據到收銀臺可以選擇使用何種支付手段完成支付。當然做得好的店家也會提供專櫃支付的服務業務，但是目前百貨企業採用聯營模式，實行統一收銀。

這一應用場景發展的主要問題就是效率比較低，因為缺乏自然和常識性的體驗設計，優惠活動結束以後就很難再繼續發展下去。

場景二：虛擬商品牆，QR code 購買業務設計

就是店家在實體店對一些打折幅度比較大的商品進行組合，然後放在虛擬牆上得到相應的 QR code，消費者在購買這一商品組合時只要用手機掃描 QR code 就可以完成支付，完成支付以後消費者可以選擇自取或者快遞的方式拿到商品。

如果選擇自取，就要到專櫃出示相應的支付憑證然後拿走商品。這種業務設計雖然簡化了許多購物流程，支付流程也較為便利，但是對專櫃來講，最大的問題就在於對支付憑證的驗證。這需要有一套行動終端或者固定終端裝置以及相應的後臺系統，或者可以讓消費者去客服那裡統一取貨，亦或是將促銷商品放在一個特定的拒臺上，這幾種方式都需要比較高的營運成本，而且業務的流暢性也不高。如果消費者選擇使用快遞的話，那幹麼不直接選擇網購呢？

這個設定的購物方式與消費者在實體店的消費習慣和真實需要不符，而且這些用於宣傳推廣的產品只在活動期間才會出現，不利於形成持續的業務。

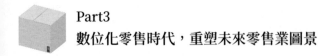
如果百貨企業持續將這些促銷商品採用虛擬牆 QR code 的方式進行行銷，不利於企業的日後經營。因為在零售經營中有一個大家都普遍認同的常識，那就是促銷商品的作用是擺在實體店吸引消費者從而引導消費者在全店瀏覽。

美國百貨企業的全通路業務設計

與重視普世價值一樣，北美任何一個產業在做出一個決定的時候都會將常識性放在首位，百貨企業亦然。當企業在設計一個創新體驗的時候首先會以消費者為中心充分考慮到他們的最自然狀態，而不是強行以改變消費者的某種習慣為起點。

走進位於紐約的先驅廣場（Herald Square）的梅西百貨，體驗過他們基於 iBeacon（一種室內藍牙定位技術）設計的應用場景，就能比較容易理解所謂的自然和常識性的設計了。

消費者在進入門市時會被提示開啟 App 完成雙向的確認簽到，店家可以透過入口的感測器向消費者推送相關的促銷資訊和電子優惠券。當消費者進入瀏覽動線後，每經過一個區域消費者都可以透過手機 App 瀏覽到附近商品的促銷情況並可以從 App 上直接進行下一步的查詢，例如，可以對商品進行評價、查詢商品的原材料和進行價格比較等。透過這一步，手機 App 就可以透過虛擬通路與社群媒體進行連線，這樣就實現了通路間的無接縫轉移。

在支付方面，消費者在選擇了需要購買的商品之後可以透過掃描商品上的 QR code 藉助行動支付工具完成支付流程，也可以使用傳統的支付方式，還可以在自助結帳櫃檯利用非接觸電子錢包支付。

在購物體驗方面，消費者可以利用手機 App 關注自己感興趣的商品並

設定一些提示資訊，當消費者進入實體店後就可以得到相關的資訊，如關注和設定了晚裝，當進入實體店並經過相關商品時，手機上就會收到商品的精準資訊以及促銷資訊，店家也會針對特定的消費者推送特殊的折扣或電子券。

在北美，零售商的營運模式以消費者為中心，在商品的基礎上結合前沿的技術不斷提升消費者的購物體驗。而一般百貨企業的營運卻是以行銷活動為中心，以搞優惠活動和發放電子券的形式改變消費者的購物習慣和客流路徑。

IBM 在 2014 年透過調查美國 3 萬名消費者得出了一項有關消費者最關心的五項全通路能力的調查報告，報告顯示，這五項全通路能力如圖 3-6 所示。

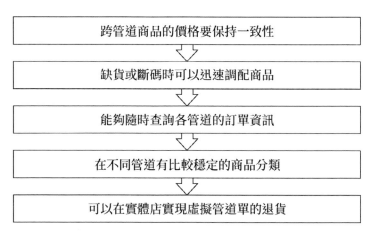

圖 3-6 消費者最關心的五項全通路能力

1. 跨通路商品的價格要保持一致性

消費者經常會碰到同樣的商品在不同通路有不同價格的現象，這也一直是零售企業備受爭議的問題。但是在北美，如果消費者發現同一件商品

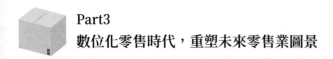
在網路、實體店以及行動終端上的價格不一樣，他們首先會認為是系統出了問題。為了保證不同通路商品價格的一致性，美國的零售商會為了實現一定的行銷目標而為某個通路提供一些特定的商品，並一定避免同商品不同價的現象發生。

2. 如果發生商品缺貨或者尺寸短缺的情況可以迅速從異店調貨或直接從倉庫調到指定的實體店

這是在實體店經常發生的一種情況，當消費者在實體店想要購買自己心儀的產品時卻發現商品尺寸短缺或缺貨，影響了消費者的購物體驗，對於這一問題就可以透過建立全通路的方式解決。在全通路的背景下，消費者可以透過智慧終端裝置查詢到是否有庫存，然後透過快遞的方式買到自己心儀的商品。雖然透過這種方式可以很好地解決問題，但是在過去大部分的百貨企業因為成本太高都沒有實現這一點。隨著網際網路技術的發展出現了一種虛擬通路，最大程度地解決了排程成本高的難題，美國的眾多零售商已經開始大力支援此項業務。而與之形成鮮明對比的是傳統多數百貨企業沒有實現單品管理，不能對庫存進行實時查詢，也就實現不了後面的購買流程了。

3. 能夠隨時查詢各通路的訂單資訊

對於電商企業而言這一點很好實現，但是對百貨企業而言，由於跨通路的業務更加複雜，對企業的技術研發和系統支援能力要求較高，因此在實現各通路訂單的實時追蹤方面能力還較為落後。

4. 在不同通路有比較穩定的商品分類

美國的零售商發展得比較成熟，有比較清晰的商品定位，在品類管理方面也深諳其道，拓展商品的品類時比較謹慎。即便在有了網際網路和行動網路的虛擬通路之後，他們依然堅守自己的經營模式和經營特色，向縱深方向發展，而不是向更寬的方向拓展。

5. 可以在實體店實現虛擬通路訂單的退貨

如果消費者對透過虛擬通路購買的商品不滿意可以直接到實體店去退貨。美國的零售商規模比較大，可以很好地實現這一點。

▋美國 O2O 業務形成差異的原因

美國與其它國家 O2O 營運體驗存在差異的原因主要在於以下兩點。

1. 外部影響：二者在 O2O 發展方面的根本動力不同

推動傳統 O2O 業務發展的根本動力是網際網路平臺的發展，在網際網路平臺上其產品具有普適性的特徵，只要對既定的產品設計好業務場景和體驗流程就可以在平臺上實現產品的營運，但是平臺是一個獨立的盈利組織，有自己獨特的策略和盈利模式，因此就很難將消費者的體驗也考慮到營運之中。

在美國推動其 O2O 業務發展的根本動力是零售商本身，他們會將自己產品的定位、目標消費者和商品組合等特徵作為發展 O2O 業務的根本出發點，以提高消費者的購物體驗為目標實現全通路銷售。

此外美國的零售企業有比較豐富的實戰經驗，對於零售就是圍繞商品開展為消費者提供服務的一場交易活動的道理，一直都有比較清晰的認

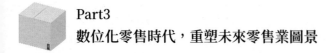
識，因而在產品營運過程中始終圍繞可持續營運和可盈利兩個重要方面來開展，行銷只是作為其中一個環節而已。

但是從傳統百貨企業來看，由於在時代發展的過程中沒有抓住重要的發展機遇使得企業在生存和盈利方面都遇到了比較大的難題，急需一種比較有效的解決方案來減少顧客的流失。

2. 根本原因：企業的營運思維不同

在傳統聯營制的發展模式下，大部分百貨企業的發展都遵循商業地產的營運思維，脫離了商品本身，而且由於百貨企業在單品管理的技術環節方面比較薄弱，因此在產品的管理過程中就繞開了零售管理的核心 —— 商品及供應鏈管理，而是去關注看起來相對比較容易而且見效快的市場行銷環節。

北美的零售企業中大部分的商品屬於自有自營，也有比較高的資訊化投資和水準，因此可以實現圍繞商品設計開展的全通路銷售。

零售市場上的歷史實踐證明，沒有任何一家零售企業可以憑藉高水準的行銷實現企業的長期穩定發展，這個規律不僅適用於美國，亦適用於全世界，因此對於傳統的百貨企業而言，在得到網際網路平臺的流量支持以後，更重要的工作就是全面提升全業務鏈的重點環節，促進客流沉澱，提高顧客的回頭率。

▬▬【商業案例】沃爾瑪：
打造「全通路零售」平臺，實現線上線下完美「搭檔」

截止到目前為止，沃爾瑪在美國已經擁有 4,000 家實體店，在實體領域擴張的道路上已經遙遙領先，而且在美國有比較高的聲譽和商業地位。在實體領域擴張空間有限的情況下，沃爾瑪將目光瞄向了市場前景更為廣闊的電商領域，並期待線上零售能夠為沃爾瑪的發展錦上添花。就目前來看，雖然沃爾瑪的電商業務只占到了營收總額的 3%，但是發展勢頭很足，未來會有更大的發展潛力。沃爾瑪實體店如圖 3-7 所示。

圖 3-7 沃爾瑪實體店

沃爾瑪將線上零售業務與線下實體店業務緊密配合，致力於將沃爾瑪打造成為一個「全通路零售」平臺。為了能更快更有效地打造這一平臺，沃爾瑪運用了一系列的措施：

★ 透過數量龐大、分布範圍比較廣的實體門市履行線上訂單業務，而且
　實體店擁有比較多的存貨和運貨卡車，送貨更加便利。

★ 利用群眾的力量做好商品的配送工作，讓在實體店消費的消費者為線
　上顧客「捎帶」商品

★ 推出「現金支付」服務，就算是沒有簽帳金融卡或者信用卡的使用者
　也可以在網路下訂單，然後可以到實體店去付現金並取貨。

　　亞馬遜作為美國最大的電商公司，在電商領域一直保持比較強勁的發
展勢頭，但是對沃爾瑪來說，它擁有數量龐大的實體門市和強大的貨物配
送能力，這是亞馬遜不能與之相比的，因此，未來亞馬遜並不會對沃爾瑪
在電商領域的發展構成威脅。

▊線上與線下完美配合的「全通路零售」格局

　　雖然網際網路的發展推動了網路購物時代的到來，網際網路也滲透進
了人們生活的各個角落，但是依然沒有撼動美國零售產業的整體版圖。
有些人曾大膽預測，將來電商依然不會成為沃爾瑪、塔吉特、好事多
（Costco）等零售大廠的主要業務模組。

　　美國的零售產業在致力於打造一個全方位的「全通路」零售格局，就
是將線上零售通路與線下零售通路相融合，實現線上與線下的完美搭配。

　　目前美國各大零售商都將工作重點放在了整合線上虛擬店和線下實體
店上，並且不斷擴大業務範圍，將更多的消費者囊括進自己的零售格局
中，同時不斷提升購物體驗，為消費者提供更大的便利，從而促進營業額
和營收額的成長。

　　沃爾瑪作為美國最大的連鎖零售商，擁有龐大的線下實體店網絡，憑

藉這一優勢沃爾瑪欲將其打造成為線上訂單的履行中心。沃爾瑪還推出了「從店內出貨」的服務，如果消費者從網路下訂單，沃爾瑪會直接從附近的實體店直接出貨。

此外，沃爾瑪的「現金支付」服務為沒有信用卡和簽帳金融卡的消費者提供了購物的便利。這一服務業務的推出將方便更多消費者進行網路購物，同時為企業帶來了大量的網站流量。

「現金支付」服務剛剛推出就受到了廣大消費者的熱烈歡迎，雖然目前的線上業務訂單中只占到了一小部分，但其成長速度不容忽視，未來「現金支付」服務可能會給沃爾瑪帶來更多的銷量。對於這一點可以假設一個場景：消費者透過網路下訂單後，到實體店付款取貨，他們可能在這個時間裡去逛逛實體店，從而可能購買更多的商品。

未來，沃爾瑪將推出更多類似的舉措，為打造全通路零售平臺創造更多有利條件。

▌召集群眾進行配送

在不斷完善全通路銷售平臺的同時，沃爾瑪在努力為消費者提供更加優質的宅配服務。2012 年沃爾瑪推出了「當日送達」的服務。

波士頓調查集團（Boston Consulting Group，簡稱 BCG）在對美國的消費者進行調查的過程中發現，有大約 9% 的消費者會將當日送達的服務作為選擇網路購物的首要因素。

目前在美國已經有 5,000 多種商品能夠適用於「當日送達」的服務，而沃爾瑪在這一方面有更大的優勢，一方面沃爾瑪擁有自己的卡車隊，在貨物運送上更加便利和迅速；另一方面沃爾瑪關閉了相當多的實體門市，從而空出了更多的卡車來支持這項服務的開展。同時沃爾瑪還想方設法地

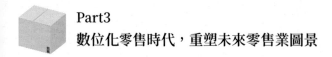
縮短線上訂單的配送時間，將配送時間縮短在了兩天之內，提升了消費者的網路購物體驗。

為了完善宅配服務，沃爾瑪還別出心裁，召集群眾的力量去配送貨物，例如讓去實體店的消費者幫忙給網路下單的消費者捎帶貨物，當然作為回報，幫忙捎帶貨物的消費者可以獲得一些額外的折扣。

現如今這項服務已經落實到了具體的實踐中，每週有成千上萬的消費者到店購物，其中有一部分會答應幫忙捎帶貨物，但是這項服務有時候也會帶來麻煩，例如貨物被盜竊或者發生欺詐事件，都會給沃爾瑪帶來一些法律糾紛。

但是沃爾瑪的管理層依然相信依靠群眾的力量去做商品的配送在將來能發揮更大的作用，透過這種方式不僅可以降低宅配成本，提高宅配效率，同時消費者獲得了額外折扣之後重複購買率會更高。

致力於食品雜貨電商業務

在網際網路上銷售食品雜貨，在幾年之前 Webvan 公司就曾經嘗試過，但是最終以失敗告終。消費者在購買食品雜貨的時候對新鮮度和品質的要求比較高，因此大多數消費者不會選擇透過網路來購買食品雜貨。

這跟消費者的購物習慣有很大的關係，在購買水果、生鮮等保存期限比較短的商品時，習慣聞其味、觀其色，透過網路的話就不能這麼做，從而也就不會選擇線上訂購這類商品。此外，食品雜貨的利潤空間比較薄，網路和實體店的價格相差無幾，網路食品雜貨店並沒有什麼優勢。

但是在這樣嚴峻的形勢面前，沃爾瑪卻突然致力於食品雜貨電商業務，在丹佛推出了「線上訂購、線下取貨」食品雜貨電商業務，在消費者中引起了強烈的反應，絕大多數的消費者認為該項服務整體而言還可以。

如果沃爾瑪將食品雜貨線上業務推廣到全國，那麼沃爾瑪的電商的營業額將呈現大幅度成長，因為食品雜貨業務占到了沃爾瑪總營收的一半。

亞馬遜對沃爾瑪不會構成威脅

相對於亞馬遜來講，在電商領域，沃爾瑪屬於初生之犢，雖然剛開始落於人後，但是憑藉強大的規模和廣闊的網路覆蓋率，沃爾瑪反而有更多的優勢。沃爾瑪擁有覆蓋全美範圍的實體門市和分公司，可以建立一個龐大的線上訂單供應網路鏈。

現在，沃爾瑪已經在 50 到 100 個門市裡實現了直接出貨，在數量上已經達到了亞馬遜配送倉庫的數量，而且沃爾瑪的「配送中心」的數量在呈相當迅速的成長，有可能會將全美 4,000 家門市發展成為「配送中心」。此外沃爾瑪的「現金支付」服務和召集群眾進行配送的方式是亞馬遜無法實現的一項業務，這些都是沃爾瑪獨特的競爭優勢。

Part4

系統行銷：

零售企業建立可持續競爭優勢的行銷法則

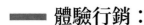

━━ 體驗行銷：
以顧客為中心，建立和提升消費者的黏著度

歷經多年的探索與實踐，零售企業形成了非常穩定的行銷方式，價格因素成為零售企業競爭的關鍵。零售企業的行銷只看重結果，操作過程務求簡單快速，透過折扣、優惠券、贈品來引導消費者購買。無論企業採取什麼樣的行銷方式，都由企業自主決定，消費者只能被動接受。

然而，忙於激烈價格戰的零售企業普遍沒有意識到，消費者也想要更多的主動性，他們追求更高層次的消費，是消費和體驗的統一過程，而不是片段式的節假日促銷。單純的低價並不能夠使消費者的情感得到滿足，行銷過程的親歷性和自主性，也是消費者追求的體驗過程。

目前，國際市場已有一些企業開始了體驗行銷模式，如遊樂場「環球嘉年華」、網路遊戲「the second life」、兒童體驗職業夢想的「the kid's city」、旅遊業中的「野外生存訓練」等，並且都取得了巨大的成功。

未來，零售業將逐步走向體驗式行銷。

▋零售業體驗行銷現狀

比起行銷模式的創新，體驗行銷更傾向於思考模式的創新。體驗行銷完全拋棄了企業角度的視角，在每一個流程每一個觸點都完全從顧客的立場出發，依照顧客的感受實施行銷步驟，使得顧客感受到連續的體驗過程。

若要成功地開展體驗行銷，零售企業必須時刻將消費者的體驗需求放在第一位，透過具體的產品和服務，為消費者提供高品質的購物體驗。現

在的零售市場，百貨、超市、品牌店、購物中心都比較適合開展這種行銷模式。

★百貨

百貨產業雖具備體驗行銷的條件，但僅停留在滿足消費者的感官需求，不能夠引發消費者對生活的思考，更不能給予消費者追求某種生活方式的歸屬感。

活動主題一般局限於圍繞聖誕節、元旦、春節等節日設計的主題日，很少有針對消費者追求的某種生活主題進行的體驗設計。即便偶爾有圍繞某一生活方式進行的主題活動，如婚禮博覽會，也是只有抽獎類的現場活動，沒有融合結婚生活元素的體驗專案，其產品和服務也單純地為促銷服務，而不是以消費者結婚的心情為出發點。

★超市

面向大眾消費者的超市追求物美價廉，宣傳口號集中在「折扣」、「點數換獎」等優惠低價方向。與百貨產業的情況形似，超市的體驗活動也是僅有幾個節假日主題，很少有統一的主題活動，而且活動中也不考慮顧客的情感、思考、關聯等體驗。

在資訊溝通部分，超市只是透過分發印刷有促銷詳情的廣告來告知顧客具體的產品資訊，很少有超市會邀請顧客來參與決策的制定，聽取顧客的意見，在決策層面了解顧客的感受與需求。

★品牌店

與針對大眾消費的百貨與超市產業不同，品牌店對目標顧客的定位十分精確，品牌內涵包容消費者的個性與生活方式，店內環境氣氛也極易渲

染，交易過程中品牌店員工可以與顧客進行深度的溝通，可以說，品牌店是進行體驗行銷的絕佳場所，是最容易實施體驗行銷的零售業態，很多品牌店也抓住了這個機遇。

IKEA 的主題是一種輕鬆、時尚、自由的生活方式，所有的賣場體驗也都圍繞這個主題進行設計。IKEA 在賣場裝修了各式各樣的樣品屋，可以讓消費者在體驗中深刻了解到一件產品的利弊，賣場內還配有飲食區和家具自取區，滿足消費者的 IKEA 生活方式需求。

★購物中心

購物中心不但囊括了百貨、超市、餐飲之類的多種零售業態，還普遍融入了娛樂元素，是零售業最高階別的業態，擁有廣闊的環境和豐富的內容，購物中心比超市、百貨更適合實施體驗行銷。

購物中心普遍按照黃金比例布局購物圈、主題餐廳、娛樂王國、珠寶銀樓等，為消費者提供吃喝玩樂一條龍式的購物享受。在硬體方面，購物中心以寬敞的環境、豐富的主題活動建立起競爭優勢，再輔以音樂、燈光、氣味等細節配合，突出各自的活動主題。即便如此，購物中心打造的體驗還是停留在視覺與活動互動方面，缺乏引發思考、融入生活方式的企劃，使得體驗只能局限在活動主場。

▌零售業體驗行銷策略

在體驗經濟模式下，企業從消費者的日常生活情境出發，為消費者塑造其追求的生活方式的感官體驗環境，在此基礎上刺激消費者的情緒抒發和靈感創造，並鼓勵消費者積極行動，最終讓消費者融入相同生活方式的群體，在這裡找到歸屬感。

在整個行銷過程中，消費者不僅僅獲得了產品，還可以獲得一種生活方式的解決方案，其情感需求得到極大滿足，為此，他們不介意接受更高的價格。

若想成功地實施體驗行銷，零售企業有幾個固定的步驟可以參考：先想辦法搞清楚消費者的心理需求，知道他們想要什麼，再透過種種設計讓消費者明白自己的需求，最後讓消費者實現自己的需求。

1. 知道消費者想要什麼

★體驗式調查

體驗式調查的內容是顧客的情感認識，透過模擬體驗過程，企業對顧客在整個過程的情感認識進行提問，如圖 4-1 所示。

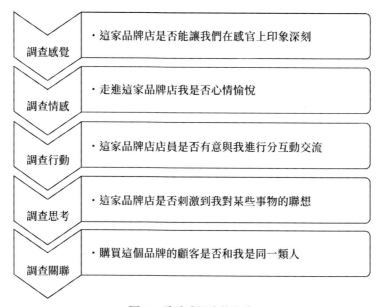

調查感覺	・這家品牌店是否能讓我們在感官上印象深刻
調查情感	・走進這家品牌店我是否心情愉悅
調查行動	・這家品牌店店員是否有意與我進行分互動交流
調查思考	・這家品牌店是否刺激到我對某些事物的聯想
調查關聯	・購買這個品牌的顧客是否和我是同一類人

圖 4-1 體驗式調查的內容

除了常規的問卷調查之外，百貨、超市、購物中心還可以積極地在賣場邀請顧客提意見，隨機邀請顧客進行訪談，品牌店可以鼓勵店員與顧客進行互動交流。除了顧客之外，公司內部成員之間也應該保持溝通，交流心得，互相促進。

★接觸點設計

接觸點就是顧客在售前、售中、售後整個過程中的各體驗點，如感覺、情感、思考、行動、關聯。接觸點設計就是針對這些接觸點設計不同的工具來實施行銷。

如一開始利用型錄、廣告等讓顧客對賣場的主題有一個初步了解，當顧客進入賣場以後，燈光、音樂、商品陳列等設計可以讓顧客感知到主題氛圍，顧客購買產品時，精巧的產品製作可以刺激顧客的思考。

透過整個過程，顧客能感受到這種主題生活的情境，產生自我認知的思考；顧客與賣場內其他人員進行互動溝通後，能深刻體會這種主題文化的意義，願意成為這一文化群體的一員。

IKEA 的賣場就是一部自我運轉的銷售機器，消費者從進場到出場的所有消費流程完全由自己操作，整個流程為資訊臺→計畫圖表→產品體驗→價格標籤→記錄取貨→平板包裝→收銀臺，如圖 4-2 所示。

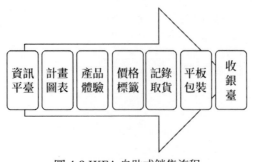

圖 4-2 IKEA 自助式銷售流程

2. 讓消費者知道自己想要什麼

★產品宣傳

產品宣傳是零售企業接觸消費者的第一步，透過這個步驟，消費者在感覺、情感上得到初步體驗，這一步的宣傳對象可以不只是產品，還可以是體驗。例如，星巴克就在每一本型錄上強調了第三空間這個概念，宣傳的是第三空間體驗，如圖 4-3 所示。

圖 4-3 星巴克「第三空間」體驗

除了傳統的廣告目錄、型錄，網路也是一個很有效的宣傳途徑。已有很多企業開始在網路雜誌或者自己的官方網站做廣告宣傳，這種途徑的廣告可以展現故事情節，實現現實中不能滿足的需求。網路虛擬體驗是零售企業進行產品宣傳的必然趨勢，IBM、SUN 等知名企業都已經進駐了網路遊戲「second life」，為消費者提供虛擬購物娛樂體驗。

★環境氛圍

對消費者來說，在優美的環境裡購物是一種愉悅的體驗。無論環境大小，只要能營造出統一的主題氛圍，就能吸引消費者融入其中，這正是零售業獨特的優勢。音樂、燈光、氣味、圖畫、布局等都可以成為環境營造的工具。

如星巴克的環境氛圍營造成了咖啡的效果：略帶暗紅的咖啡色牆壁，淺黃色隔板，咖啡色桌椅、沙發，暗黃色柔和的燈光，四周充滿著濃稠的咖啡香味，輕柔的爵士樂緩慢流淌，牆上的抽象畫情調十足，顧客一走進這個環境，似乎就溶入了濃濃的咖啡裡面。

3. 讓消費者自我實現

★解決方案

自我實現是需求的最高層次，也是體驗行銷的關鍵部分。雖然很多零售企業明白了消費者的真正需求，但是他們仍然只是在賣產品，只能考慮到消費者的理性需求，自我實現則無從說起。

體驗行銷為消費者提供整套的消費解決方案，但是這套方案對每個消費者來說都不完全一樣，是一種生活方式與消費者個人喜好的結合，所以消費者必須經過自己的思考才能得到。企業只是負責對消費者介紹和展示產品的文化、功能、搭配方案等，而消費者自己嘗試去尋找最適合自己的那套方案。

舉例來說，IKEA 賣場的裝修風格很容易刺激消費者自己的設計思路，而且在這裡所有的流程都可以自助進行，消費者可以參考每種產品的風格和介紹自己搭配，例如在星巴克喝咖啡，顧客可以自己調配不同的口味，還可以買了工具和原料回家製作。

★體驗式行銷

　　體驗式行銷是高層次的體驗，它在為顧客創造感官、情感、思考和行動等體驗層面之外，還需要為顧客創造一種聯想式體驗，以使顧客能夠透過這次體驗和更廣泛的社會系統產生關聯，讓顧客完成自我實現。體驗式行銷是所有體驗策略的結果，一般透過服務人員與顧客的互動溝通來實現。

　　例如，在星巴克，顧客可以感受到朋友間的親切與輕鬆，服務人員和顧客之間、顧客與顧客之間經常會進行隨意的閒聊，閒聊內容不僅包括咖啡的產地、種類、不同咖啡的食物搭配、咖啡的不同口味嘗試方法，還會有心情、生活方式的交流，促使每一位顧客都融入第三空間，自由享受；IKEA 把賣場設計成家人外出的理想場所，為營造一種家庭感覺的舒適氛圍，IKEA 賣場的所有流程都可以由顧客自己完成，但是顧客需要幫助的時候，服務人員會立刻提供熱情細緻的溝通和專業的解決方案。

Part4
零售企業建立可持續競爭優勢的行銷法則

▬▬ 口碑行銷：
讓消費者成為品牌布道者，搶占行銷制高點

　　口碑行銷是指企業在品牌建立過程中，透過顧客間的相互交流，將自己的產品資訊或者品牌傳播開來。傳播過程中，不涉及第三方機構的處理，傳播的結果不僅能使資訊受眾獲得資訊，還能改變受眾對產品的態度，甚至影響受眾的購買行為。

　　在媒介資訊送達至受傳者的過程中，受眾之間的相互影響遠遠大於媒體的影響力，尤其在資訊科技高速發展的現代，人們對媒體的權威性產生了懷疑，不再像過去一樣容易輕信媒體發布的資訊。

　　在商業領域，尤其是在零售市場，消費者早已厭倦了鋪天蓋地的廣告，對廣告的真實性也有所懷疑，企業投入大量的成本拍攝和投放廣告，所得效果十分有限；相反，不花一分錢的口碑行銷容易帶來銷售的成長，因為利用社交網路進行傳播，更容易取得消費者的好感和信任，而且富有活力，便於記憶，容易給消費者產生較大的影響。

　　如果企業長於口碑行銷，能靈活地運用各種社交網路與消費者進行互動，不動聲色地在消費者群體中為品牌樹立良好的口碑，那麼企業不但能避開同行之間昂貴的廣告戰、價格戰，還能透過消費者的口耳相傳觸達更多顧客，看似無為，實則得到了更大的市場，贏得了更多消費者的青睞。

█ 零售企業口碑行銷的失誤

由於消費者更容易信任和接受朋友的推薦而選擇推薦商品，口碑行銷展現了強大的促銷能力，各家企業也開始相信口碑行銷的力量，堅信好口碑才是最好的廣告。誠然，對於零售企業，尤其是那些資金有限、行銷資源有限的中小企業來說，行銷成本低、傳播速度快的口碑行銷是一條出路，然而，很多企業對口碑行銷的理解存在一些誤解，以至於運作過程中出現了這樣那樣的錯誤，最終沒有達到預期的效果。

1. 行銷理念上的失誤

有的企業認為口碑行銷只是售前的動作，其目的是吸引消費者來購買產品，至於售後部分不屬於口碑行銷的範疇。因此消費者一旦購買了產品就萬事大吉，萬一使用過程中出現問題給他們提供維修服務就好，另外，企業還發現有些顧客即使購買到問題產品，也會因為嫌麻煩而放棄維修，這個發現讓企業更加沒有負擔。

因此，企業覺得在售後處理消費者投訴的投資可有可無，對消費者的投訴有沒有認真處理都不會影響產品的銷量，相比於售後，顧客可能更在乎購買時候的促銷，甚至於企業投入大筆資金用於大顧客的吃喝玩樂成為某些產業的常態。

2. 行銷目標上的失誤

很多企業只是把口碑行銷當作一種行銷手段，而實際上，口碑行銷的意義更在於零售行銷的目標。企業行銷的目標是讓消費者發自內心地覺得自己的產品好，而不應該追求如何讓消費者向朋友推薦。從這個意義上

看，傳統行銷反倒成了實現該目標的途徑和手段。在現實生活中，口碑不好的產品零售商往往傳統行銷也沒做好。

★ 在產品方面，售出的產品品質不過關，時好時壞，尤其是時間緊、工作急的時候，更容易出現有品質問題的產品，時間久了消費者就不買帳了。因而這樣的產品或者企業總是壽命不長，經不起時間的洗禮。

★ 在促銷方面，企業忽略了對消費者的關注，損害了消費者的切身利益和自我感受，導致消費者對企業不滿，轉投他人陣營。

★ 在宣傳方面，很多企業習慣講虛話、套話，故弄玄虛，消費者感受不到產品的實際好處，也沒有亮點可以向朋友宣傳，因而難以形成傳播。

★ 在售後方面，企業對消費者的投訴應對冷淡，各部門之間相互推諉，對消費者缺乏基本的信任，也沒有可靠的合作態度，傷害了消費者的個人感情。

3. 行銷操作上的失誤

行銷操作上的失誤主要表現為企業因為利益的驅使疏於口碑行銷。

★ 口碑行銷是在企業文化的基礎上進行的，沒有可靠的企業文化，口碑行銷將成為無源之水，不能長久保持。很多企業根本沒有這個基礎，想起來做口碑行銷了才匆忙杜撰出企業文化，可想而知這些憑空捏造的企業文化根本得不到有效的實施，對員工也難以產生影響。

★ 出於對利潤的追尋，只要能增加利潤而不惜削減成本而導致產品品質出現問題，他們在功利心的驅使下經營企業，完全不顧及消費者的感受。

★ 很多零售企業尤其是中小企業，公關意識不足，認為公關是擺設，沒
有實際作用，因而企業中根本沒有公關人員。有的企業即使設定了公
關機構也不知道公關的作用，因而機構形同虛設，沒有實際作用。

零售企業如何實施口碑行銷？

如圖 4-4 所示。

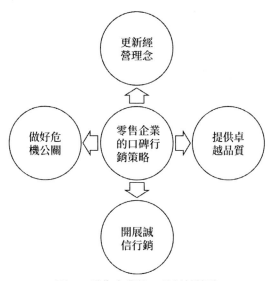

圖 4-4 零售企業的口碑行銷策略

1. 更新經營理念

零售企業要想獲得長遠的發展，需將目光放得長遠，營運過程中要貫
徹顧客就是上帝的理念，時時刻刻把消費者的利益放在首位，時時處處為
消費者著想。透過提供從心理到使用的極致產品和服務體驗，為消費者帶
來真正的滿足，長此以往，自然能夠贏得顧客的滿意與推崇，從而贏得良
好的口碑與長久的繁榮。

說到底，顧客是企業的衣食父母，企業依存於顧客存在。企業需時刻認清這層關係，調整自己的位置，若是為了一時的利益而忽略了消費者的感受，企業終將為自己的短視行為付出代價。

2. 提供卓越品質

品質是產品的核心，是消費者做購買決策時最先考慮的因素。優秀的、卓越的產品品質是形成良好口碑的前提，是口碑行銷的基礎。產品品質包含三層內容：核心品質、形式屬性品質和延伸屬性品質。

零售企業大多沒有自己的生產線，販售商品皆來源於上游生產企業，所以各零售企業經營的商品差異很小，核心品質和形式屬性品質相似。因此，零售企業要拉開差距只能在提升延伸屬性品質方面努力。

提升延伸屬性品質最普遍並且有效的做法就是提供增值服務，例如為消費者提供高品質、一勞永逸的服務，讓消費者在使用過程中永遠無後顧之憂；或者在常規服務的基礎上增加部分服務，使消費者在獲得更多的服務後感到物超所值。透過提供增值服務，零售企業可以獲得更高的消費者滿意度，而獲得了高滿意度，企業就能獲得良好的口碑效應。

零售企業如果能為顧客提供超出其心理預期的產品和服務，就能收穫良好的口碑推廣效應；反過來，如果企業提供的產品和服務不能達到顧客的期望，那麼就會受到顧客的批評，令顧客產生不滿，獲得負面的口碑效應。

因此，零售企業可以先對產業內其他企業提供的產品和服務進行初步的研究，從而對消費者的期望水準有一個清晰的定位，然後根據顧客的期望水準來調整自己的營運策略，為顧客提供比競爭對手更優質的產品和服務，這樣企業就能得到好的口碑宣傳。所有成功的企業都深知這個道理，

例如，開遍全世界的迪士尼樂園（Disneyland），它的好口碑就是用其周到完善的服務換來的。

3. 開展誠信行銷

誠信行銷就是指企業將誠信原則貫徹到行銷活動的各個環節中，透過樹立企業的誠信形象來贏得消費者的信任，從而獲取更大的市場占有率以及更長遠的盈利。具體操作中需要做到以下幾點，如圖 4-5 所示。

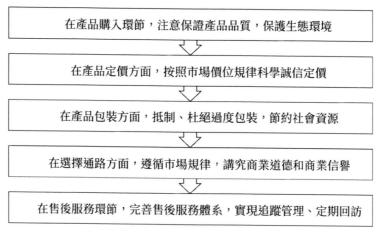

圖 4-5 誠信行銷的具體操作流程

4. 做好危機公關

零售企業經營的業務與消費者日常生活息息相關，因而會時刻面對顧客的各種情緒，肯定與褒獎層出不窮，批評與不滿也屢見不鮮。所以，零售企業要具備清醒的公關意識，對尚未出現的危機進行科學的預測與分析，對已經出現的問題進行及時而有效的應對，將因為顧客的不滿而造成的危害降到最低，可能的話，利用消費者滿意的處理結果為企業贏得更好的口碑傳播。

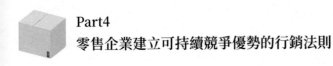

Part4
零售企業建立可持續競爭優勢的行銷法則

在整個公關過程中，零售企業要時刻關注顧客的意見和看法，保持與顧客之間積極的交流，尤其要重視與擁有巨大能量的消費者之間的溝通：

★ 意見領袖型的顧客，他們對商品知識有深入的了解，並且他們的意見能頻繁地影響他人的消費態度與行為。

★ 資訊守門人，他們有能力決定是否把資訊傳給同一群體內的其他人

★ 替身消費者，他們被僱來為他人的購買決策提供諮詢。

如果零售企業能夠做通這幾類消費者的工作，就能以最低的成本和最高的效率獲得最好的行銷效果。

▬▬ 禪意行銷：
無印良品「極簡之趣」中蘊含的行銷理念

　　1980 年創立的無印良品（MUJI）是一個提倡簡單生活理念的日本雜貨品牌，意為無品牌標誌的優質產品，產品類別以日常用品為主，所有的產品都追求返璞歸真的極簡設計，拿掉了商標，省去了不必要的設計，去除了一切不必要的加工和顏色，簡單到只剩下素材和功能本身。

　　雖然極力淡化品牌意識，但它遵循統一設計理念所生產出來的產品無不詮釋著「無印良品」的品牌形象，它所倡導的自然、簡約、質樸的生活方式也大受品味人士推崇。2007 年，無印良品躋身世界品牌 500 強排行榜，在上榜的服飾類品牌中位列第 20 名，高於喬治‧亞曼尼（Giorgio Armani）、聖羅蘭（YSL）、紀梵希（Givevchy）、Lee 等消費者耳熟能詳的世界名牌。

　　無印良品不強調流行，而是以平實的價格還原了商品價值的真實意義，將產品昇華至文化層面。透過設計理念、美學主張、素材的選擇、流程的檢點、簡潔包裝、形象宣傳等方式，無印良品展現了一種新的生活哲學，人們稱之為「禪的美學」。無印良品是當今日本最深入人心的「禪文化」代表企業，它的文化意義逐漸開始大於商品消費的意義，將「以人為本」的品牌理念逐步擴散到了全世界。

產品研發模式

現代商業社會出現了兩極分化的趨勢，商品也隨之分向兩極，要麼推出高階的品牌，選用新奇的素材、奪目的造型、精緻的做工，來吸引購買力較強的目標消費者群體；要麼定位於低階市場，採用最便宜的材質、極度簡化生產流程，以追求更低的成本。

無印良品沒有依附於這種趨勢，在兩極之間走出了一條中間道路，一方面，無印良品採用了豐富的加工技術和細緻入微的設計風格，在一定的價格區間內追求更好的產品品質，尋找真正合適的性價比，而不是最低的價格；另一方面，無印良品傾向於「無設計的設計」，摒棄了一切外在的標籤，使用最簡單的素材和做工，實現「素」而有意趣的設計。

無印良品代表的不僅僅是販賣百貨的雜貨店，它還向進店的消費者傳遞了一種簡約、自然、基本的生活型態。消費者進入無印良品門市，會發現貨架上簡簡單單的商品，細看起來也兼具質感與美感，從而引發消費者內心深處對簡約生活的嚮往。本著這樣的理念和追求，無印良品採用了各式各樣的設計方法來推出自己的產品。

★網友集思廣益，讓顧客參與設計

現代的消費者變得越來越主動，越來越願意參與到產品生產銷售的更多環節，無印良品順應這個趨勢，自 2001 年起，就開始透過網際網路與消費者互動溝通，邀請消費者參與新品研發設計。

無印良品的研發人員先在品牌論壇上發布一個主題，公開募集粉絲意見，然後按照粉絲的喜好整理出幾個備選方案，將之傳到論壇，由粉絲票選決定最受歡迎的那一個，然後根據票選出的方案設計藍圖，做出樣品，再次徵詢粉絲意見，根據粉絲的回饋進一步修正結果。新品的設計方案確

定以後，無印良品再設定規格、定價，然後向消費者開放預訂，等到預訂訂單達到最小生產量時，新品才能投入生產，實現商品化。

★對生活徹底觀察，以生活細節為師

無印良品始終相信，受消費者歡迎的設計，一定來源於消費者的日常生活。在這樣的理念支持下，無印良品開始在網路上募集自願受訪者，然後派自己的設計人員登門拜訪，觀察他們的日常生活細節，站在消費者的角度來考慮消費者的生活需求，尋找設計靈感。

透過這樣的拜訪和觀察，無印良品研發出了很多符合生活需要的設計。例如透過多次的拜訪，無印良品發現人們睡前的最後一個動作通常是摘下眼鏡、關掉床頭燈，而第二天早上的第一個動作通常是找眼鏡，於是，無印良品在床頭燈的底座中央設計了一個凹陷用來放眼鏡，這樣人們醒來一伸手就能夠準確地拿到眼鏡，產品問世後果然大受歡迎。

在這種讓設計師融入消費者生活的設計模式下設計出的產品，人見人愛、廣受歡迎是理所應當的。

★與大師合作，提升品牌品味

有一段時間，由於受到優衣庫（UNIQLO）等低價品牌的競爭，無印良品在服飾商品的銷售方面舉步維艱，在這種困境下，無印良品選擇了與大師合作，按照大師的眼光將生活中根深蒂固的物品重新編輯設計成無印良品風格，以此提升品牌的品味。長久以來，無印良品的顧客主要是二十多歲的年輕群體，為了擴大目標顧客範圍，延伸顧客年齡層，無印良品大力研發設計師資源，以強化產品的設計力，從而提升服飾產品的吸引力。

★全球化的視野，發掘各地精華

作為一個國際化的品牌，無印良品在設計上展現了全球化的視角。2003 年，無印良品啟動了 Found MUJI 專案，基於「再發現」的理念，從世界各地的傳統居民生活中尋找具有特色的日常生活用品，發掘其中的設計元素，再結合現代的設計理念，根據在地化的需求，將那些傳統物品塑造成新的產品回歸生活，以全球化的視野將產品研發提升到更高的層次。

在無印良品的商品標籤上，「埃及棉」、「印度棉手織」等標註經常赫然在列，這些標註能讓消費者聯想到產品的生產過程和地區文化，從而吸引其購買。

無印良品還定期在全球舉辦設計大賽，透過比賽的形式吸引更多的消費者了解品牌。參賽的創意作品來自世界各地，這些作品為無印良品的產品研發提供了源源不斷的創意來源。此外，獲獎作品將在無印良品實現商品化，此舉會對設計產業的發展造成強大的推廣作用。

正是這些積極而有效的設計方法，推動著無印良品走向越來越輝煌的成功。

■「御繁以簡」的風格理念

沒有鮮明的個性和誇張的色彩，無印良品一直保持著極簡主義的設計風格，用它平淡無奇、簡約舒適的設計和材料，吸引了越來越多品味相同的消費者。其實，越是簡單的設計越不容易過時，無印良品的極簡設計就避免了因潮流時尚導致的庫存壓力。對於無印良品這樣經營品類繁多的企業來講，庫存的控制情況，很可能會成為決定企業成敗的關鍵。

無印良品奉行無品牌的設計哲學，主張拿掉標籤，去除一切不必要的

加工和顏色，保持東西本來的色彩和形狀，不做過分的包裝修飾，採用統一性簡潔的打包出售方式，包裝袋也選用環保的無漂白紙，以符合其簡約、自然的基調，同時又節省資源，這種做法非但沒有讓人們失去興趣，還贏得了環保組織的熱情擁護。

▌「產品驅動型」的促銷推廣模式

自創始之日起，無印良品就沒有做過任何商業促銷活動，這種行為在同產業內簡直難以想像。無印良品的促銷推廣單純依靠頂尖的產品設計和消費者的口碑宣傳，而這些比開展商業促銷活動要有效得多。無印良品用事實證明了，最有效的促銷是讓產品促銷產品，最有效的傳播是讓消費者傳播給消費者。

例如，消費者在無印良品買了一件大衣，之後很可能發現這件上衣與家裡衣櫥裡的其他衣服不搭，所以消費者會再次購買同系列的襯衫、毛衣、裙子、圍巾等更多無印良品的產品。消費者在無印良品購物，會發現很多商品都是配套的，例如米色的再生紙品旁邊配有米色的立可白，本來打算買紙的顧客，很可能就順手帶一瓶立可白。

無印良品也沒有像其他品牌那樣請明星為品牌代言，無印良品依靠「良品精神」自己為自己代言。相比於老王賣瓜的自我宣傳，無印良品更願意花費精力尋找讓生活更便利、更豐富多彩的方法。

▌「觸角多元化」的通路組合模式

無印良品針對與不同顧客群體的接觸點，研發了多元化的通路組合模式。在經營的產品種類上，無印良品已經從物美價廉的生活雜貨延伸到了

更廣闊的區域,服裝、食品、化妝品、家具、花店、咖啡店全都囊括在內。無印良品已經發展成一個由 5,000 多種商品構成的完整生活形態。

　　無印良品甚至還創辦了料理教室,在這裡人們不但能夠學會精湛的料理技術,還能了解很多關於「食」的知識和哲學。無印良品創辦的花店「花良」支援手機端線上訂購,顧客下單後 13 小時內,訂購的鮮花就會從產地送到顧客手中。花良還提供相應的諮詢服務,只要在手機上輸入生日日期,顧客就能立刻收到「花提案」,提示適合的花品以及相關的配套商品。無印良品甚至還經營起了「無印良品露營場」,將顧客從室內門市帶到陽光綠地去露營,此舉不但有效吸引了新的客源,同時還鞏固了與老會員之間的感情。

▬▬ 視覺行銷：
歐洲服裝零售品牌如何實現行銷價值最大化？

　　視覺行銷是市場行銷層面上一部分銷售技術的總和，這部分銷售技術能夠在最好的條件下向消費者展示銷售的產品和服務。這個概念發源於1970、80年代的美國，作為零售銷售策略的一環，視覺行銷伴隨著超市等大批次銷售時代的來臨而出現。視覺行銷最早出現在食品產業，用以提高自選式貨架陳列的有效性，隨後蔓延到服裝市場，例如，GAP就是早期開始運用視覺行銷的代表。

　　隨著競爭的加劇和消費者需求不斷的提高，視覺行銷已成為企業營運不可或缺的環節，對服裝零售企業來說更是如此。放眼整個國際市場，歐洲某些國家的服裝零售品牌採取的銷售形式更為先進。

　　在英國，服裝銷售總是集中在大商場和百貨商店，跟其他銷售形式相比，這種方式顯然取得了巨大的成功。在義大利，服裝銷售按照傳統的獨立零售商形式進行，這種銷售形式帶來的明顯好處就是為服裝銷售的發展提供了足夠的空間。

　　然而，儘管銷售方式各有不同，但是它們之中都有一個明顯的共性，就是同樣重視視覺行銷。近年來已經有越來越多的服裝品牌開始明確自己的品牌理念，並大手筆配備與理念相符的店鋪裝修設計，努力保持品牌形象與店鋪利潤的平衡。

Part4
零售企業建立可持續競爭優勢的行銷法則

視覺行銷是為了啟用商品價值而採取的一系列措施和手段，就是在一個正確的場所以最優的性價比銷售好的商品，這一目標的實現需要生產商和銷售商緊密合作。

▌分公司連鎖店的影響

分公司連鎖店是分散在各地的分公司開設的零售店，在總公司的組織領導下，統一形象，統一管理，集中採購，分散銷售，實現零售企業規模經濟效益的聯合，大大增強企業的市場競爭能力，促進企業的快速發展。未來零售業不論走向何方，都將邁向連鎖經營。

分公司連鎖店模式對其他的銷售方式、特許經營連鎖店和零售商集團造成了巨大的壓力，越來越頻繁地替換掉了其他銷售方式。隨著自有連鎖店鋪的擴張，零售企業的利潤空間迅速成長，賣場商品得到及時更新，在賣場嚴格落實統一的視覺行銷設計，其實施過程也更加易於控制。

對於連鎖店經營模式來說，品牌的建立是至關重要的，而一般情況下，品牌特性的建立只能透過銷售點完成，因為它可以方便地面向消費者進行宣傳和溝通。於是，視覺行銷成為了分公司主義理論的核心部分，而從前，視覺行銷只能造成美化品牌形象的輔助作用。

在這個背景下，很多分公司主義者已經遠離了大眾化的視覺行銷，他們經常根據具體情況調整不同的行銷策略，例如開設與獨立零售商店鋪類似的小面積銷售點、擴大產品品類、推出更獨特的短期流行產品等，尤其是品牌運作更喜歡採用這種方式。

如西班牙品牌 ZARA 或瑞典品牌 H＆M，他們的產品深度和廣度都是按照系列區分，每個系列分別面向不同層次的消費人群。整體看來，這些品牌的銷售店鋪結構乍一眼看上去像多品牌店。ZARA 的產品陳列如圖 4-6 所示。

圖 4-6 ZARA 產品陳列

█ 空間的安排

　　1990 年代開始，消費者越來越注重個人感受，消費只是為了取悅自己，消費行為也不再局限於某一種銷售模式或某個等級的產品。據調查，在服裝市場，衝動性消費占據重要地位，60%的消費決定是消費者進人賣場時完成的。針對消費者的這種行為，各服裝品牌開始注重其賣場的產品品類區分的方便性和美感。

　　但是，為了迎合消費者多變的口味，零售企業在賣場的裝飾布置需要頻繁地變動，每種布置的使用週期越來越短。由於每一次新的賣場布置都需要新的資金投入，企業對每個賣場每次的資金投入就越來越有限，所以降低這方面的投入是企業進行視覺行銷時面對的重大問題。

　　著名的法國服裝品牌 Et Vous 降低布置投入的方法，是把設計推廣到其他的銷售點。1995 年聖誕節，該品牌在 Royale 大街專賣店的布置每平方公尺大概花費了 10,000 法郎，而這個數字在往年是 15,000 法郎。

Euroshop 國際商店裝置展是一個聚集了銷售、市場行銷和賣場布置專業人士的場所。展會調查發現，在各品牌服裝賣場的布置中，木材或複合板材、玻璃、金屬和石頭等天然材料的運用最為普遍，尤其是彩粉的使用，在所有材料中使用得最為頻繁，使用材料的反璞歸真和設計的多樣化成為賣場布置的趨勢。

　　除此之外，近年來服裝零售企業越來越喜歡使用照明工具來烘托賣場主題，燈光成本已經占據全部陳列成本的 1/4，而在幾年之前這個數字還不到 1/10，這也從側面證明了燈光確實好用。例如運用相應的燈光影響消費者的行程路徑，以增加某件產品對消費者的吸引力，或者透過光影變化，使試衣區域的位置更加隱祕。

　　未來，賣場陳列還會大量運用新技術，賣場環境可能會被進一步改造，例如電腦、影音多媒體系統、內部廣播、監視器和電子貨架等將普遍應用到賣場之中。

店鋪陳列的進步

　　越來越多的服裝零售企業開始以分公司連鎖店的形式進行經營，同產業內競爭的加劇促進了視覺行銷技巧的進一步提升，產品陳列水準也隨之提高，主要表現為商品分類和貨架飽和度的改變。

★以主題進行商品分類

　　百貨產業自選式銷售模式下，賣場陳列按照商品種類進行分類，而服裝專賣店的情況正好相反，店鋪陳列以主題進行分類，這種分類方式正是更具組織性的視覺行銷的需要。這樣的分類方式，使店鋪陳列更有吸引力，更系列化，從消費者的視角看起來更加協調。由於難以明確定義其標

準，這種分類方式在設計和執行上更有難度，但是因其在服裝專賣店實行的效果很好，因此被廣泛採用。

★貨架飽和度越來越低

所謂貨架飽和度，就是單位面積內貨架的數量，是視覺行銷中的重要商品指數標準。貨架飽和度越高，意味著店鋪內商品的數量越多，重點向消費者表達商品的豐富性，通常情況下，這說明店家的策略是價格為重。相反，貨架飽和度越低，表明產品價值最大化的態度，一般應用於高階品牌。受到這方面的啟發，很多分公司連鎖店開始降低店鋪內的貨架飽和度。

何種視覺行銷適合何種策略？

隨著競爭的加劇，傳統的價格戰已經不能改善企業的經營狀況，企業需要在其他方面尋找出路。對於很多企業來說，有助於調動消費者光顧的差異化經營開始變得越來越重要。當然，差異化經營不是唯一的出路，也不適合所有的企業，比較適合概念性品牌的營運。

差異化經營在具體操作時需要在賣場布置一個真實的氛圍，例如利用裝飾、材質、色彩、燈光、室內家具等背景，敘述一個故事，描述一個概念。布置賣場時必須注意保持空間設計和品牌文化的和諧，絕對不可以損害產品形象，要知道，所有的一切都是為了增加產品價值，促進產品銷售才是最終目的。

對於連鎖店鋪來說，差異化的經營必須確保公司各銷售店鋪的布置保持一致，這將是連鎖品牌的一大挑戰。出於對品牌特性一致性的擔憂，以個性著稱的服裝品牌 Emanuel Ungaro 投入大量資金用於品牌的重新設計，包括店面形象、LOGO、色彩基調和家具風格；設計師品牌 Yves Saint

Laurent 也重新調整了品牌策略，決定所有專賣店統一形象，同時為不同地區的顧客調配客製化產品系列，由此將品牌旗下的高階時裝、男裝、女裝、配飾和香水集合到了一起。這一策略使得同一品牌在世界各地的銷售點全都保持高度一致，是國際性奢侈品牌的傳統做法，GAP、Next 或 ZARA 等國際性服裝零售品牌也都採用這種策略。

迎接生活化賣場

Next 是 1982 年在英國建立的本土服裝品牌，主要面向年輕人群。1995 年這個品牌在巴黎開設了在法國的第一家專賣店，在這個賣場裡混合了服裝賣場、咖啡館、花店和報刊廳等多種業務，是世界上第一家生活化賣場。

建立於 1969 年的 GAP 是美國第二大服裝品牌，擁有北美最大的連鎖服裝店，1991 年進入法國，開始打入歐洲市場，如今該品牌賣場已遍布歐美以及東南亞，並且所有的店鋪都擁有完全一致的視覺行銷效果，包括賣場的產品分類和店鋪陳列。這種系統化的視覺行銷設計在全世界範圍得到了廣泛的推廣。創立於 1979 年的美國連鎖店 Esprit 對其賣場的設計定期更新，並且每次更新都選擇與不同的設計師合作，透過這種方式，不斷吸引新的顧客群體。

附加值的猛增

西班牙品牌 ZARA 是一家以奢侈品專賣店形象銷售低價位產品的服裝企業。最初，ZARA 專賣店的店面布局以木結構為主，1996 年開始使用白色大理石之類更富有衝擊力的材料，至於裝飾方面則堪比高階奢侈品店。ZARA 專賣店的室內設計每四年就要重新稽核，而這種模式也使得產品銷售持續成長。

　　與 ZARA 類似的中檔品牌開始以高檔品牌的標準來布置賣場，那麼高階品牌就只能做得更好。愛馬仕（Hermès）、聖寶萊（Saint-Honoré）等奢侈品牌紛紛擴張了專賣店的空間面積，這樣就要求店內陳列更多的商品，因而要求企業推出更多樣化的產品。

　　視覺行銷為服裝零售品牌帶來了美好的前景，而賣場內商品價值的突顯、資訊傳遞的方便以及賣場價值的提升，反過來表明了視覺行銷的重要，而旗艦店的不斷增加和企業對賣場的大量投資也展現了視覺行銷的價值。

▋歐洲服裝品牌終端銷售：視覺行銷實踐的發展

　　近幾年，各服裝品牌都增加了其終端賣場的營業面積，為視覺行銷設計提供了更廣闊的空間，例如，西班牙品牌 Mango 在巴黎歌劇院廣場開設了一家 1,200 平方公尺的旗艦店；其隔壁的男裝品牌 Célio 的營業面積也達到了 3,900 平方公尺，在這個賣場裡 Célio 還開設了一家咖啡店，使它看起來更像是一個未來專賣店服務的工作基地。

　　幾乎所有的品牌都在努力追求高階的視覺行銷，以改進所售產品的可見性。然而，視覺行銷不可避免地受到時尚的影響，那麼，在這個多元化時尚世界中，如何區分目標顧客群體的時尚？如何將存在於概念中的時尚轉變為具體的視覺行銷？在不斷變化的時尚潮流中，什麼時間採用哪種設計來布置賣場？決定店鋪風格的時尚，能否確實造成它的作用？產業吹捧的視覺行銷趨勢，是否真的可靠？趨勢的週期越來越短，視覺行銷下一步又該如何？這些都是橫亙在品牌服裝零售企業面前的問題，懸而未決。

　　可以肯定的是，視覺行銷是商業成功必不可少的重要組成，隨著視覺行銷的深入發展，以上問題終將得到解決，儘管每個公司對它的理解未能一致，但是視覺行銷確實得到了迅速的發展。

4P 行銷：
產品＋價格＋促銷＋通路

　　4P 是一個行銷學名詞，也是行銷策略的重要基礎，指產品（Product）、定價（Price）、通路（Place）和促銷組合（Promotion）。這 4P，是由美國著名的行銷學學者麥卡錫教授（Jerome McCarthy）在 1960 年代提出的，如圖 4-7 所示。

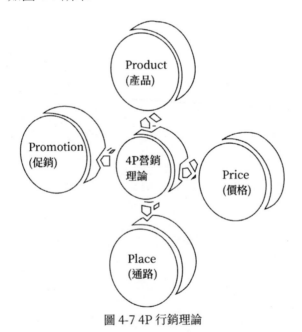

圖 4-7 4P 行銷理論

　　麥卡錫教授認為，一場成功且完整的市場行銷活動，就是用適當的價格、適當的通路和適當的促銷手段，將適當的產品投放到某個特定市場上的行為。

★ Product：產品的組合，是企業投放到市場上的貨物以及服務的組合，不僅包括產品的包裝、品牌、品質、效用、外觀和規格，還要有與產品配套的服務等。

★ Price：定價的組合，就是企業在將產品投放到市場上之後所追求的經濟回報，包括產品的基本價格、促銷價格、付款時間等。

★ Place：通路，就是企業對產品進行配銷的過程，包括配銷通路、儲存設施、運輸設施、存貨控制等，是產品在進入市場之前企業所進行的各種活動。

★ Promotion：促銷組合，就是企業透過各種傳播通路和傳播手段將產品的資訊放到目標市場上的活動，包括廣告推廣、銷售人員的推廣、營業推廣與公共關係等。

下面將著名的服裝品牌 ZARA 為例，分析 4P 理論在 ZARA 的行銷模式中的應用。

▌發展迅速的 ZARA 公司

ZARA 是國際第一大服裝零售商 Inditex 公司旗下的品牌。Inditex 公司創立於西班牙，已經在全球擁有了 2,700 多家分店，其中 ZARA 是該公司旗下九大品牌中最著名的一個，被歐洲人認為是最有研究價值的品牌。僅 ZARA 一個品牌就遍布全世界 57 個國家和地區，每個國家和地區的分店數量以平均每年 70 家左右的速度保持成長。雖然 ZARA 的分店數量只占到 Inditex 公司所有分店數量的一半，但是營業額卻占到了公司總營業額的 75％左右，是幫助 Inditex 公司登上世界服裝零售產業第一把交椅的重要推動力量。

ZARA 之所以能取得今天這麼大的成就，相當程度上取決於其獨特的市場定位以及行銷策略。ZARA 將面向少數群體的高階奢華時尚產品與大眾平價產品融合，擴大了品牌產品的目標顧客群和品牌的影響力，並重新闡釋時裝的含義，讓時尚的理念深入到廣大消費族群之中。

ZARA 在高檔時裝和流行服飾之間選擇了一個中間值，既沒有沿襲傳統的工業化生產思路，也沒有上升到奢侈品牌的領域，而是選擇用伸展臺走秀的方式展示旗下的品牌服裝，讓更多的人變成時尚一族，因而 ZARA 也被譽為「全球最具創意也最具破壞力的零售店家」。

▋4P 理論在 ZARA 行銷模式中的應用

★ Product（產品）

行銷學的 4P 理論是以生產為導向、以產品訴求為起點的，ZARA 在產品的研發過程中就一直遵循這一點。ZARA 投入了 3,000 萬美元重建和完善資訊系統；進行了一系列的收購活動，將 1,000 多家生產企業納入自己的同盟；透過招聘壯大了設計師團隊；在紐約、巴黎和米蘭等時裝時尚發布的重要地方建立了時尚情報站，隨時捕捉時尚潮流資訊，為產品的研發創造了良好的條件。

ZARA 透過這樣的策略部署增強了自身的力量和水準，只要一有最新的時裝款式上市，它就可以在最短的時間裡知道並且在五天內將產品生產出來推向市場，當競爭對手推出同樣款式的服裝時，ZARA 也可以在五天之內將所有的同類產品都下架，這樣就保證了 ZARA 永遠都走在世界潮流的最前端。

在 ZARA 的策略中要求公司每年都要推出大量的新產品，ZARA 公

司高階經理 Diaz 認為公司並不是人們理解中傳統的賣衣服，而是在經營時裝，消費者做出消費選擇並不是因為喜歡 ZARA 公司，而是真正喜歡時裝。

對消費者而言，ZARA 公司開設連鎖店更方便了他們的購物，他們可以在任意一家連鎖店找到最新款式和限量供應的時裝，因為 ZARA 將自己定位為經營時裝，目標顧客群比較大，因而連鎖店的存貨會相對比較少，每年推出的各種款式的服裝往往只有幾件，而且通常是擺在門市的展覽櫥窗裡。這一低庫存的經營策略使得消費者常常會看到商品已下架的情況，就會使他們更加關注店鋪上新的情況。連鎖店的經營對有序而方便的貨源補充方式依賴程度非常高，只有這樣才能隨時保證連鎖店中有新產品來供消費者消費。

ZARA 依靠其獨特的產品策略和執行方式成為世界四大時裝連鎖機構之一。

★ Price（價格）

在不同的市場定位中採取不同的價格策略，在對產品進行定價時要考慮品牌的策略和價值，以便制定出既能反映品牌價值又能被廣大消費者接受的價格。在服裝的設計過程中除了設計師這個不可或缺的角色之外，還要有採購專家和市場專家，他們會共同商討服裝的定價問題，在資料庫中類似商品在市場上的價格資訊，是他們在定價過程中的重要參考。當產品定好價格之後，就會根據各國的兌換率換算成多個國家的貨幣，並在產品生產出來之前，就已經與服裝的條碼一起標註在標價牌上，當新款服裝生產出來之後，就不必重複定價了，而是將產品直接輸送到世界各地的分店進行銷售。

ZARA 是在伸展臺上展示的服裝品牌，是一種面向大眾群體的時裝品牌，在整合供應鏈上也做得比較成功。

許多品牌企業在產品的價格方面認識有偏差，他們在行銷的過程中認為跟隨時代潮流的時尚產品不僅有高昂的研發和生產成本，而且還有品牌本身的價值，因此品牌產品價格高是理所當然的。對此，ZARA 卻有完全不同的想法，他們認為不管產品多好，品牌的價值有多高，如果賣不出去就都只是壓在倉庫裡的一堆廢品而已，因而他們認為與其讓這些「高價值」的產品擺在櫥窗裡，不如早點讓產品變現，推動二次生產。因此 ZARA 是典型的「一流的形象、二流的生產、三流的價格」。

一流的形象是指 ZARA 不管是在分店的選址、櫥窗的設計、產品的擺放還是店面的陳列方面，都一直強調「情調」和「內涵」，這是讓消費者對品牌進行認可以及產生重複購買的重要因素。

二流的生產是指雖然 ZARA 是國際知名品牌，但是卻沒有使用最頂尖最高檔的那種質料，也沒有像大品牌服裝企業那樣擁有自動吊掛流水線等先進的裝置和高品質、高技能的員工。

三流的價格是因為 ZARA 採用的原材料成本較低，並且省去了高昂的設計和廣告費用，所以其產品的定價非常低，只有設計師品牌服裝的 1/6 至 1/4。

例如 ZARA 在新加坡的專賣店中一件女式上衣只賣 19 至 26 元，而同種類型的產品在其他品牌店則要賣到 40 至 60 元，因而許多消費者在 ZARA 的專賣店中只要看中一款衣服就會毫不猶豫地買下來，雖然每件商品的價格不高，但是往往因為價格實惠消費者會買到更多的商品，累積消費也會在百元以上，這樣既為 ZARA 帶來了「名」和「利」，同時消費者也會感到很實惠。

★ Place（通路）

ZARA 透過在全球的布局，建立了非常龐大的關係網路，在全球 50 多個國家和地區成立了 2,000 多個銷售商店，其中有 760 多家是 ZARA 的專賣店。此外，ZARA 還建立了含有高階技術的配銷系統，實現了可以在 15 天之內將生產好的服裝輸送到全球 850 多個店的目標。

即便 ZARA 在全球有這麼多的連鎖店，但是 ZARA 一直堅持由自己營運和掌管，它還斥巨資建設自己的工廠和物流體系，為產品的生產和運輸創造了條件；擁有自己的設計團隊，產品設計全部依靠自己的設計師團隊。因為擁有自營的工廠和物流體系，所以設計出來的產品可以迅速投入生產，並且可以以最快的速度傳送到全球的門市中。而在設計、生產及門市之間，一流的資訊處理和系統整合的能力以及暢通的物流系統造成了良好的連線作用，打通了產品從設計到生產直到銷售的整個流程。

ZARA 還有不同的配送中心，這些配送中心分屬於不同的國家，並且都與各自的重點銷售市場和加工合作廠商在地理位置上非常接近，可以有效提高物流的效率。例如位於拉科魯尼亞（The Groyne）的物流中心在收到訂單後 8 小時之內就可以將貨物透過水路運送出去。ZARA 在西班牙總部擁有一個比較大的物流中心，除此之外在巴西、阿根廷以及墨西哥三個國家分別建立了小型的倉儲中心，以便在南半球的不同季節中滿足物流的需求。

同時，ZARA 還擁有較為先進的配送裝置，可以直接回饋商品在各地店鋪的庫存資訊。將物流資料進行共享之後，商品的銷售量和庫存量會直接反映在物流中，從而可以更合理地安排物流，讓物流系統發揮最大的價值。

Part4
零售企業建立可持續競爭優勢的行銷法則

ZARA 之所以能擁有這樣高效的供應鏈系統,得益於其自身強大的 IT 系統,IT 系統已經遍布在 ZARA 的每一個連鎖門市中,每個門市都會擁有自己的貨單,每個連鎖店的門市經理每週都會及時檢視商品的銷售狀況,然後根據下週的需求向總部傳送訂貨的訊息。例如,位於西班牙的總部接到來自世界各地的訊息之後,會透過網際網路技術進行匯總,然後將資料傳給西班牙的工廠,工廠接到這些資訊後會用最快的速度進行生產並將產品直接送往世界各地。

ZARA 就是憑藉其強大的銷售網路和高效率的配銷系統,牢牢抓住了銷售環節中的通路,使其在激烈的競爭中搶占了重要的制高點,並幫助 ZARA 在服裝產業中建立了不可動搖的地位。ZARA 高效的配銷系統也被眾多的服裝零售企業競相模仿。

★ Promotion（促銷）

相對於其他服裝品牌企業,ZARA 在這一方面相當有個性。ZARA 在進行品牌管理的時侯一直遵循著「三不」原則,即不做廣告、不打折、不外包,這令 ZARA 受到了很多消費者的青睞,並且這些消費者對品牌的黏著度非常高。

ZARA 每年在廣告上投入的資金只占到營業額的 0.3%,遠遠低於業界 3% 至 4% 的平均水準。雖然 ZARA 不做廣告,但是在廣告以外它採用了三個重要的溝通策略。

1. 充分利用電子郵件以及顧客服務熱線等手段收集消費者的意見,為消費者開闢更多的回饋通路,既節省了成本,又收到了和廣告相似的效果。

2. ZARA 善於利用店鋪的地理位置來為品牌做宣傳。ZARA 在選擇店鋪位置的時候一般都選在經濟最發達城市的最佳地段，例如說美國紐約的第五大道、法國巴黎的香榭麗舍大道等，這種地段的品牌一般都是國際知名品牌，與他們相鄰無形中將自己的品牌水準提升了一個等級。

3. ZARA 非常注重門市的形象和消費者體驗的環境，並透過提升門市形象以及改善體驗環境的方式促進品牌的提升。ZARA 在全球擁有 700 多家專賣店，每家專賣店的裝修都可以稱之為奢侈豪華，相當於一個小型的商場，面積有上萬平方公尺。ZARA 致力於透過門市打造最好的廣告效果，在專賣店中擺放有上萬種不同款式的衣服，讓消費者在「一站式」的購物環境中享受非凡的購物體驗。

在價格上，ZARA 很少進行促銷和打折。ZARA 在推出新產品的時候遵循「少量、多款」的原則，也就是說每件新品幾乎都是限量的，如果消費者不能在產品剛上市的第一時間購買，那麼就可能再也買不到相同款式的衣服了。因而大多數鍾情於 ZARA 品牌的消費者都會在新產品剛剛出爐的時候就迅速下手，根本就談不上產品會留到季末或年末打折的情況了。

ZARA 每年推出的款式多，數量少，一定程度上提升了消費者的購買欲望，從而減少了產品的庫存。當然並不是 ZARA 所有的產品都符合消費者的審美，一般來說可能會有不到 18% 的產品不大受消費者的歡迎，這部分產品可能需要打折銷售了，但是這 18% 的比例只占到業界平均水準 35% 的一半而已。

相對於其他服裝品牌經常採用的連續降價方法，ZARA 一年之中只有兩個明確的階段進行數量有限的促銷，因而也大大降低了其折扣促銷的成本。

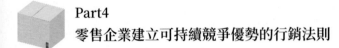
　　此外，專賣店每週會根據銷售情況下兩次訂單，這樣就大大減少了需要打折處理的產品的數量。2001 年可以說是服裝零售業近些年經營狀況最好的一年，在這一年中 GAP 打折商品為 14%，H & M 為 13%，而 ZARA 只有 7%。

　　限量供應的產品可以讓消費者保持對 ZARA 的新鮮感，同時也讓品牌影響力提升了一個等級，平均每年消費者有 17 次要逛 ZARA 的專賣店，而服裝產業的平均水準則為 3 至 4 次。

　　目前在服裝產業，大多數的企業都會採用外包策略，就是將採購和生產流程交給第三方，而 ZARA 卻堅持將一半的採購和生產都牢牢掌握在自己手中。Inditex 在巴塞羅納有自營的布料公司 —— Comditel，Comditel 生產出來的布料有 89% 會輸送到 ZARA，不僅提高了 ZARA 的採購速度，同時也讓 ZARA 在彈性生產過程中更具靈活性，使整個生產流程更加流暢。

新 4P 市場行銷理論：
打造零售領域的「四維價值鏈」

　　市場行銷理論從傳統的 4P 理論發展到融合了「政治力量」（Power）和「公共關係」（Public Relations）的 6P 理論，再到加入了「人員」（People ／ Participants）、「有形展示」（Physical Evidence）和「過程」（Process）三個要素的 7P 理論，隨著時代背景的變化總會出現新的行銷組合理論，以解決新時代的新問題。

　　例如，為了解決服務行銷中存在的問題，1981 年布姆斯（Booms）和畢特那（Bitner）提出了 7P 組合理論；1984 年，菲利普·科特勒（Philip Kotler）提出 6P 組合理論，則是由於國際市場出現了嚴重的貿易保護理論，6P 理論就是指導如何開闢新的封閉市場。

　　諸多行銷理論都會不斷地強調企業的行銷活動應當以消費者的需求為中心，然而大多數企業在行銷實踐過程中，常常是以「消費者感性假設」為前提的，想當然地把企業的意志強加給消費者，然而在「理性的消費者」面前，這樣的行銷努力是徒勞無功的。

　　很多行銷者總是期望自己能夠主導市場，他們在把自己的意志強加給消費者的同時，還會強加給自己的合作夥伴。現在的市場環境已然發生了變化，消費者正變得越來越理性，在新的形勢下只有合作才能創造更高的市場價值，如果進入經驗的陷阱，延續原有的做法，與合作者進行持續的衝突和對抗，只能讓自己由強者變成弱者，因為過去的成功而走向失敗。

四維價值鏈

如果把「價值鏈」理解為「價值創造活動」的集合，那它就不是一種孤立的存在，而是包括了製造價值、通路價值、社會價值和消費價值在內的一個價值綜合體。這四個方面應當圍繞「顧客心智」這個核心，共同構成「四維價值鏈」，分別展現商品的賣點（Pelling Point）、售點（Placing Point）、焦點（Focusing Point）和買點（Buying Point）這四個價值點，即新 4P，如圖 4-8 所示。

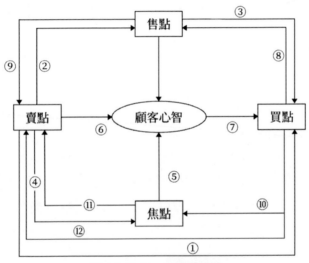

圖 4-8 新 4P：思維價值鏈

賣點是產品功能價值的展現，在四維價值鏈中指的是代表製造產品的供方，是由價值創造過程的上游環節產生的。早期的行銷模式中，產品的功能價值就是價值鏈的主體。

圖 4-8 中的線路①表示賣點轉化為買點的路徑，即消費者被動購買賣家產品的過程。

售點是產品通路價值的展現，在四維價值鏈中指的是各類中間商的集合，他們共同發揮著產品配銷的功能，讓產品實現從生產到銷售的「驚險跳躍」。

這個集合包括了批發、零售等各個流程的中間商，也包括了提供貯運、保險、金融、廣告、諮詢等各類配銷促進服務的組織。從價值創造角度來看，在短缺經濟時期，生產流程占了整個價值鏈的 80％；在經濟剩餘（economic surplus）時期，生產流程只能貢獻經濟價值的 20％，80％的經濟價值是由服務和貿易流程產生的。因而，在現代市場中，通路價值日益突顯。

圖 4-8 中的②③線路表示「賣點」透過「售點」轉化為「買點」的路徑。這一轉化策略實質上可理解成一種行銷的「攻防戰」，運用游擊戰術，透過投入大量的資源，在通路中占領優質的「貨架空間」，把商品擺在賣場最有利的位置，也就是人們常說的「肩膀與臀部之間」的高度，這是消費者最容易發現和拿到的位置。

將每一個商品都占據這樣的「黃金位置」，對於創造銷售佳績和培育品牌價值都是十分關鍵的。這對於中小企業來講，更是一條取得行銷成功的捷徑。

焦點是產品社會價值的展現，在四維價值鏈中指的是各類媒體、公眾和衍生價值的集合。首先，「時尚」和「流行」是在媒體與公眾互動中創造出來的，無論是運用廣告傳播、口碑傳遞還是現代網際網路行銷，都能產生「造勢」的功效，一旦某一產品成為時下的「焦點商品」，甚至培育形成類似「果粉」的消費者，就能讓產品的社會價值獲得極大的提升。

任何一個時代都會有特定的焦點產品出現，這些焦點產品對社會的影響是巨大的。例如汽車與電冰箱的出現，推動了超市的誕生，進而給消費者的購物方式與生活方式帶來了巨大的改變；無線網路以及智慧型手機的

出現更是催生了行動網路的革命，深刻地影響到社會生產、流通、行銷以及人們生活和工作的各個方面，這就是「焦點」產生的「衍生價值」。圖4-8 中的④⑤⑥⑦線路表示將賣點轉化為亮點，進而被買點接受。

買點是產品消費價值的展現，在四維價值鏈中指的是消費者的認知和體驗價值，也是價值鏈中最核心的價值。消費價值主要表現在三個方面：一是核心價值，是指商品或服務所能滿足顧客的功能性需求，如食品的營養、美味和安全等，這一價值是由供方創造的功能價值所決定的；二是認知價值，是指透過多種媒體傳播和溝通互動，讓消費者形成對產品價值內涵的認知；三是便利價值，是指要為消費者創造能夠十分便利地獲取產品和服務的條件，並為消費者提供各種便利的溝通通路。這三個方面不可或缺，在這一過程中，文化和習俗會對消費者的價值判斷產生很大的影響。

▊ 平衡四維價值

在零售流通領域的市場競爭中，全國性連鎖加盟企業往往很難贏過區域性本土企業。為何全國性連鎖加盟企業會處於這樣被動的劣勢地位？一個根本原因就是區域化能力的差異。也就是說，區域性本土企業能夠更好地將當地的文化與習俗融入經營體系中，而全國性連鎖加盟企業卻缺乏這種組織能力。

事實上，有很多企業已認識到了挖掘消費者潛在需求的重要性，但是在戰術上還是難以突破單向的戰術，難以做到以顧客的真實需求為價值核心。因此，對於消費者而言，往往還是處在一種「被行銷」的境地。正如圖4-8 所示：企業應當切實地站在消費者的角度，去感受消費者的真正需求，並且重視消費者的消費感受和意見回饋，真正理解消費者的「心智」，這才是行銷的終極之戰。

　　賣點、售點、焦點、買點，將這四點歸納在一起，就是要理解顧客心智。換句話說，無論從哪一點出發，其核心都應該是「顧客心智」。

　　一件產品或者一項服務的價值，既不是由單純的勞動創造所決定的，也不是由單純的供求關係來決定的，而是在買點、賣點、售點、焦點相互認可的基礎上產生的。

　　價值鏈的循環包括三個流程：「價值創造」、「價值認可」與「價值分享」。在整個循環過程中有兩種平衡關係蘊含其中：第一，價值創造過程的平衡；第二，價值分享過程的平衡。想要讓整個價值鏈實現良性循環，就必須保證這兩種平衡關係的相互協調。

★價值創造過程的平衡

　　要實現價值創造過程的平衡，「低成本策略」是一個重要的突破口。所謂低成本策略，就是讓自己的生產成本低於競爭對手，從而在價格上占據市場優勢。這一策略的結果，一般表現為透過比競爭對手更低的價格，來搶占更多的市場占有率。更為主要的是，在市場競爭異常激烈的形勢下，當其他同類公司已經難以實現盈利時，具有低成本優勢的公司依然可以憑藉成本差異而有利可圖，這在一定程度上也增強了公司的生命力和應對市場危機的抗壓能力。

　　然而，為了降低成本，在最初階段勢必須要增加科學研究成本，也就是說需要高投入。而在高投入之後，若未能將這部分資金投入轉變為生產力，或者生產力最終未能如願轉化為市場競爭力，那麼就很有可能致使公司發展進入惡性循環。這是低成本策略的一項重要隱憂。此外，在低成本策略的實施過程中，企業有可能走入為降低成本而忽視了產品品質和服務品質的失誤。

Part4
零售企業建立可持續競爭優勢的行銷法則

　　在市場發展初期，消費水準較為低下的形勢中，低價格、低成本確實能夠有效地吸引眾多消費者，而消費者也能夠理解與低價格相對應的服務品質較差、消費環境較差、產品品質難以保證等問題。然而，在消費需求日益提升的當下，企業在實施低成本策略的過程中，必須保證較好的商品與服務，只有這樣才能真正吸引消費者，並且不斷擴大經營規模。

　　這樣一來，企業就必須考量自身的資金狀況與承受能力，並且考慮短期成本策略與長期成本策略的差異。有的企業所採取的正是短期成本策略，例如購買廉價的、使用年限非常短的設備等，雖然能夠獲得短期內的成本與價格優勢，但是因為缺乏長期性或可持續性而存在重大隱憂。而有些企業在投入初期便考慮深遠，在綜合考慮初期投入與使用成本等的基礎上，以完善長期成本為目標，為公司構建了更加長遠的成本優勢。

　　以零售業為例，這一產業可謂是實施低成本策略的典例。該產業的公司在發展初期往往都是以低成本策略取勝的，從技術、管理，到人員、設備、選址等專案無不以追求低成本為目標。然而，當公司發展到一定程度，與外來公司形成對峙、競爭時就必須調整低成本策略，改進管理技術、店鋪環境、購物設施等。而投資的增加則需要提高產出與提升市場占有額來化解，若化解不了這個矛盾，那麼只能陷入兩種局面：第一，持續走低階路線，在低階市場進行惡性競爭；第二，陷入危局，甚至被淘汰出局。

　　需要注意的是，在如今的技術條件下，「低成本-高品質」的平衡並非無法實現。特別是在如今資訊科技的支援下，低成本運作也能實現較好的客製化服務。在未來低成本-低價格-低品質與高成本-高價格-高要求這兩種兩極化的發展模式將會趨於融合，形成一種中間化的發展路線 —— 較低的價格與較高的品質。而對單個企業而言，想要降低成本已經越來越

困難，這時候需要的是一種跨企業的成本節約模式，即在企業的相互聯合中找到降低成本的有效途徑。所以說，未來價值創造過程的兩個主導方向便是技術創新與組織創新。

★價值分享過程的平衡

對於製造商而言，在價值分享過程中的利益平衡必須衡量兩個方面：一是經銷商的利益，二是使用者的利益。只有保證了經銷商的利益，才能讓產品順利進入「售點」，融入流通環節，進而產生「攻手」的功效；然而，產品在商店裡占據了好的位置之後，還必須保證使用者的利益，才能得到消費者的認可，才能真正達到「攻心」的境界。

總而言之，這個時代販售的不僅僅是商品，還有「感覺」。「感覺」同樣是一種無可替代的價值。至於公司怎樣才能把握住消費者對產品的感覺，這就需要行銷者切實關注消費者的購買體驗、使用感受與意見回饋了，並且將其視為經營核心去平衡賣點、焦點、售點與買點之間的關係，不斷改變和提升行銷模式。

——【商業案例】IKEA：
全球最大家居零售大廠的體驗式行銷策略

　　IKEA，1943 年由瑞典人坎普拉（Ingvar Kamprad）創立。創立之初所銷售的商品主要是鋼筆、錢包、鐘錶和珠寶，而目前旗下商品已經包括房屋儲藏系列、照明系列、廚房系列、臥室系列、辦公用品等多個品類的上萬種產品，是全球最大的家具家居用品店家。

　　經過 80 多年的發展，目前 IKEA 的門市已經遍布全球 38 個國家和地區。IKEA 之所以能夠獲得如此良好的發展，與企業所制定的行銷策略是分不開的。

▌IKEA 的產品策略（Product）

　　如圖 4-9 所示。

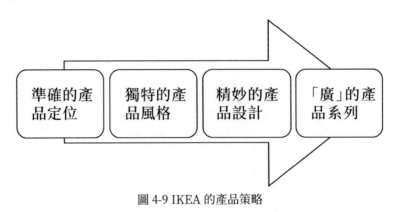

圖 4-9 IKEA 的產品策略

1. 準確的產品定位

IKEA 從創立之初便確定了經營的產品要適合「大多數人」的品味、需要和經濟承受能力，致力於改善人民的日常生活，因此，IKEA 將其產品的定位確定為低價格、精美、耐用。

IKEA 產品因物美價廉的優勢，吸引了其最早拓展的歐美國家市場中廣大中低收入家庭，極好地貼合了「面向大眾的家居用品供應商」的定位。

2. 獨特的產品風格

誕生於北歐森林國家瑞典的 IKEA 家居，其產品的風格也十分與眾不同，展現了自然、清新、簡約的北歐風格。

除此之外，IKEA 產品的風格凝聚了瑞典家居設計文化的特點。早在 19 世紀末，來自瑞典的兩位藝術家就將瑞典的民間格調和古典風格融入家居設計當中，創造了瑞典家居設計的典範。隨著不斷發展，這種經典的瑞典家居風格將更多的元素融入其中，例如實用主義和現代主義。IKEA 家居充分展現了瑞典家具的特色，它設計獨特但不張揚，注重實用性而不平庸，並且充分考慮人們的需求。

3. 精妙的產品設計

如果單純要求產品的設計精美不會太難辦到，但如果再將成本和耐用性兼顧考慮進去的話，難度則要大得多。IKEA 擁有一批經驗豐富的設計師，他們能夠在保證設計感的同時保證耐用性和控制成本。正是這種精妙的設計，使得 IKEA 家居如此受到消費者青睞。

以 IKEA 一款經典的「四季被」為例，它將兩層厚度不同的被子結合

在一起，使得一被能夠多用，滿足了人們四季不同的需求；IKEA 的沙發和櫥櫃等，也能夠在美觀的同時，保證能夠多次使用而品質不會受損。

4.「廣泛」的產品系列

IKEA 的產品系列「廣泛」展現在多個方面。

功能廣泛。在 IKEA 的賣場購物你會有這樣一個感受：幾乎與生活相關的所有物品，都能在這裡找到。不管是辦公用品、廚具、家紡還是食品，甚至是綠色植物，與我們的日常生活相關的一切，這裡無所不包。

風格廣泛。在兼顧產品定位的前提下，IKEA 產品的風格非常廣泛，能夠吸引各種品味、年齡、職業消費者的目光。

搭配廣泛。IKEA 產品的包容性很強，可以說每一款產品都能夠極易找到另一款能夠與之完美搭配的產品。

▌IKEA 的定價策略（Price）

如圖 4-10 所示。

IKEA 的經營理念是提供「大多數人」能夠消費的家居用品，就決定了產品應該採取低價格策略。問題就在於，如何在保證品類和設計的基礎上實現這樣一種定價策略。

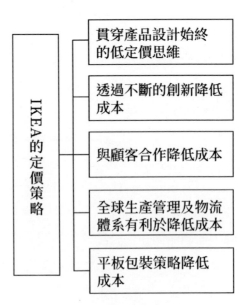

圖 4-10 IKEA 的定價策略

1. 貫穿產品設計始終的低定價思維

IKEA 具有自己獨特的研發體制，能夠將低定價思維貫穿於產品設計的整個過程。

★低成本設計理念及模組式設計方法

IKEA 的設計團隊有一種共同的設計思維：盡最大可能獲取更低的設計成本。所以，設計師們甚至會因為一個螺絲如何使用而費盡心思。實際上，這樣除了能夠降低成本外，還能刺激更多傑出的創意。

★確定成本在先，設計產品在後

IKEA 會在產品設計之前就提前定好產品的銷售價格及成本，接下來所需要的就是設計師在這個成本區間內將產品設計到最好。

★重視產品設計過程中的團隊合作

單一個體的發揮空間有限，因此設計師需要與採購人員、產品研發人員等充分溝通，只有團隊合作才能夠保證在材料的選用、產品的設計等各方面均達到最優。

2. 透過不斷的創新降低成本

以奧格拉椅子（ÖGLA chair）為例，它可謂是 IKEA 的明星產品，它不僅設計簡約，而且結實、耐用，但很少有人知道這樣一把椅子當中包含了多少創新。原先，奧格拉椅子使用的是木材，隨著木材價格的逐漸提高，簡化包裝也難以控制成本的時候，設計師採用了一種全新的複合材料；後來，隨著不斷改進，設計師研發出了一種全新的技術（將氣體注入複合塑膠），既降低了成本，又改善了使用體驗。

3. 與顧客合作降低成本

對 IKEA 來說，顧客絕不僅僅是顧客，還是企業的合作夥伴。為此，IKEA 不僅採用自助式購物，而且產品也由顧客自取、自己組裝，最大程度地降低了成本，保證了價格優勢。

4. 全球生產管理及物流體系有利於降低成本

為了盡可能降低產品的成本，IKEA 會對合作的廠商進行綜合考慮。然後，依據其分布於全球的數千家供應商，IKEA 會合理地調整自己的生產布局。

5. 平板包裝策略降低成本

在家居產業，IKEA 獨特的平板包裝是業界的典範，它不僅能節約倉儲空間、降低運輸過程的損壞率，而且可以大大降低產品的運輸成本。

IKEA 的通路策略（Place）

IKEA 之所以能在眾多的家居品牌中獨樹一幟，除了其精妙的設計外，「賣場展示」的通路策略也功不可沒。

在全球數十個國家和地區，IKEA 開設了數百家賣場，在這些賣場當中，所有的商品都直接面向消費者。可以說，逛 IKEA 家居的賣場已經不單單是一種購物行為，也成為了一種生活方式。

在週末或節日的時候，經常會有年輕的白領或者推著孩子的夫婦到 IKEA 的賣場當中欣賞樣品屋的設計、選購需要的家居用品、品嚐 IKEA 的美食。

IKEA 的行銷策略（Promotion）

如圖 4-11 所示。

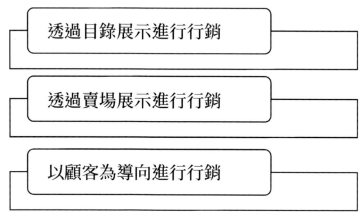

透過目錄展示進行行銷

透過賣場展示進行行銷

以顧客為導向進行行銷

圖 4-11 IKEA 的行銷策略

1. 透過目錄展示進行行銷

早在 1951 年，IKEA 就發行了自己的第一本商品目錄。透過目錄行銷是 IKEA 行銷策略的重要組成部分。印刷精美的目錄不僅能讓顧客詳細地了解 IKEA 的產品及其價格，而且還能讓顧客從中獲得家居布置的靈感。

2. 透過賣場展示行銷

與其他家居品牌相比，IKEA 的賣場設計更貼近消費者的日常生活。每個 IKEA 賣場都有一批專門調整展區的專業人員，可以給消費者的選購提供更多的參考。例如，IKEA 展示區牆面的高度和顏色都是參照顧客的實際生活選取的，這樣可以方便顧客做出更正確的購買決定。

3. 以顧客為導向進行行銷

　　IKEA「以顧客為中心」的理念，不僅展現在其產品設計和定價策略上，在行銷方面，IKEA 也一貫採取以顧客為導向的方式行銷。具體展現在多個方面，如圖 4-12 所示。

圖 4-12 IKEA 以顧客為導向行銷策略的具體展現

★產品設計重視顧客需求

　　為了使產品更符合顧客的需求，IKEA 經常會讓最接近市場和顧客的人員參與到產品的設計當中。另外，IKEA 的產品研發人員當中有很大一部分還有豐富的銷售經驗。

★人性化的賣場布局

　　IKEA 的賣場設計處處展現出對顧客的重視，例如：各個展示區的排列順序從顧客的習慣出發，幫助顧客更好地選取產品；展示區的深度不會超過 4 公尺，保證顧客不需花費太大力氣就能瀏覽整個展示區；每一處賣場的地面都有明顯的箭頭指示，指引顧客能按最佳順序逛完整個商場⋯⋯

★給予顧客最細緻貼心的關懷

IKEA 的商品擺放從顧客的需求出發，而且鼓勵顧客對有意向的商品進行親身體驗；顧客可以自如地選購商品，除非需要幫助，否則店員不會主動向顧客推銷商品；商品的使用及安裝說明以易於理解的漫畫形式呈現，方便顧客理解和操作；如果顧客對所購買的產品有任何不滿，都可以在 14 天內進行退換……

IKEA 認為：當顧客對你的商品了解不夠時，他難以做出購買的決定，即使做出決定也容易後悔；而顧客如果能夠掌握充足的資訊，則更有利於他做出明智的購買決定。

★別具一格的 DIY（Do It Yourself）方式

IKEA 的很多商品，大到衣櫃、沙發，小到資料夾、收納籃，一般都需要顧客購買後自行組裝。這種 DIY 的方式看似只是一個簡單的決策，實際好處多多。例如：便於平板包裝，能夠節省運費，減輕運輸過程中的損壞；節約產品成本，提高價格優勢；為顧客增加動手操作的樂趣，方便收納和搬運。

Part5

精細化管理：

持續完善管理系統，實現企業高效運作

━━ 向精細化營運要利潤：
零售終端精細化運作的 8 項原則

　　時移世易，無論是品牌塑造，還是競爭環境，無論是消費者的購物習慣，還是總體的經濟環境，都已經發生了巨大的變化，零售業面臨著越來越多的難題：零售終端越來越多，商品銷量越來越低，陳列越來越差，賣場收費越來越高，促銷效果越來越差……零售終端已成為最慘烈的戰場。在這樣的產業背景下，零售企業必須把握住終端資源要素才能在競爭中存活下來。對零售終端的資源要素的運作，具體表現為以下方面，如圖 5-1 所示。

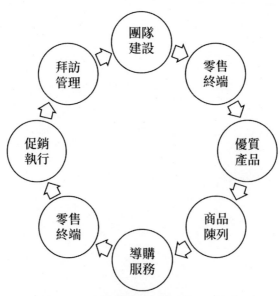

圖 5-1 零售終端精細化運作的 8 項原則

好的團隊選擇

1. 團隊建設的方向

零售團隊按照運作理念的不同可以分為三種模式，即公關式、保母式和顧問式。這幾種團隊的區別，從他們的名字就可以看出一二。

公關式團隊將重點放在零售終端的管理層，迎合他們個人的特點並長期維護與他們的關係，以此完成零售終端。

保母式團隊對一切服務身體力行，像盡職的保母一樣主動為零售終端提供各種服務，解決各種問題。

至於顧問式團隊，則化身專業的終端顧問，透過對零售終端和市場情況的詳細調查，在一開始就預見各種可能出現的問題並提出解決方案，讓可能的問題都消滅在萌芽階段，使零售終端規避掉可能出現的風險。

2. 高效團隊的要素

零售團隊的營運成果和效率，受到一系列要素的共同影響，具體包括 6 個要素，如圖 5-2 所示。

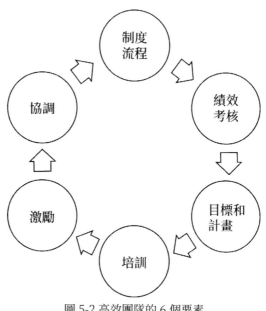

圖 5-2 高效團隊的 6 個要素

Part5
持續完善管理系統，實現企業高效運作

★制度流程

合理的制度和明確的工作流程是實現高效團隊的基礎條件，只有團隊的每個員工都清晰明瞭自己的工作內容和團隊職責，明確團隊結構，才能保證一致的團隊目標和順暢的團隊合作。

★績效考核

每個優秀的團隊都會有一套嚴格的績效考核系統，不斷監督和鞭策每一個團隊成員做好本職工作，完成考核系統要求的工作量，從而保證團隊整體的效率。若是沒有績效考核，團隊的工作就只能依靠成員個人的自覺，而且對每個成員的完成情況也沒有辦法考量。

★目標和計畫

清晰的工作目標，為團隊指明了努力的方向；合理的工作計畫，是完成工作目標的保證。一個團隊必須有明確的目標和詳細的計畫，並且具體到每個人、每一天。讓團隊的每個成員都在詳細的計畫下向目標推進，這樣不僅能保持高效率，還能避免忙亂。

★培訓

一個優秀的團隊必然有一套成熟的培訓系統，透過持之以恆的長期培訓，使一個個青澀的員工最終成長為優秀的團隊成員，他們組成的團隊更容易取得優秀的業績。

★激勵

績效考核能鞭策團隊成員完成基本任務，但是獎金、升職等激勵政策可以讓員工超額完成任務，精力更投入，情感更主動，目標完成得更好。

透過激勵政策，還能為整個團隊樹立學習的榜樣，讓榜樣的效應影響更多成員。

★協調

計畫在具體實行過程中經常會需要修改，這種時候就更需要團隊成員之間的協調合作，才能將工作順利高效地繼續下去。

█好的零售終端選擇

零售終端是消費者購買產品的平臺，零售終端的資質、人氣決定了產品的市場，對產品的銷售至關重要。按照營業面積、客流量和銷售量，零售終端可以分為 A、B、C 三個種類，如表 5-1 所示。

表 5-1 零售終端的三個類型

零售終端等級	定義	細分等級	備註
A類	營業面積大，客流量大，銷售額/銷售量大，能提升品牌影響力	A+	形象窗口
		A	銷售保證
		A-	銷售保證
B類	營業面積較大，客流量較大，銷售額/銷售量較大	B+	銷售保證
		B	銷售補充
		B-	銷售補充
C類	營業面積普通，客流量普通，銷售額/銷售量普通	C	銷售補充

根據不同的市場規模，零售終端的選擇也有一套分類評價標準，如表 5-2 所示。

表 5-2 零售終端分類評價標準

零售終端	A類地級市場	B類地級市場	C類地級市場
形象窗口類	前1～4名	前1～2名	
銷售保證類	前5～10名	前3～5名	前1～3名
銷售補充類	前11～30名	前6～15名	前4～10名

　　一般來說，企業都會在新開張的零售終端重點推出一些活動，因為開張的終端人氣比較旺，更容易提升品牌影響、鞏固市場地位。

▌好的產品選擇

　　俗語說，巧婦難為無米之炊，企業銷售的是產品，如果產品本身不好，或者產品與零售終端不能匹配，那麼再好的團隊和終端也無濟於事，因而好的產品選擇是終端資源要素的重中之重。

　　從功能來看，產品可以分為開路的先導產品、高品質的主打商品和負責品牌延伸的輔助產品。

　　不同的產品將投入不同的市場，具體來說，先導產品切入拓展型市場，主打商品會投入成熟型市場，而在成長型市場，先導產品和主打商品都會銷售。

　　不同種類的零售終端，也會選擇不同的產品進行販售。普遍情況下，形象視窗類零售終端銷售先導產品和主打商品；銷售保證類終端追求盡可能齊全的產品，所有種類都會選擇，但以先導產品、主打商品為主；銷售補充類終端只會銷售銷量較好的先導產品和主打商品。

　　這些產品結構不會一成不變，一般半年後就會出現變動，如先導產品變為主打商品，原先的主打商品變成輔助產品，或者先導產品被市場淘汰等，什麼情況都可能發生。

▌好的陳列選擇

透過好的陳列，產品才能更容易吸引消費者的目光。

在陳列位置的選擇方面，有一些固定的規律。收銀臺附近、入口貨架、貨架轉彎處、商品陳列架前排、促銷集中區域等處於人流主要方向的位置，消費者容易走得到、看得到、拿得到的位置，都是約定俗成的好位置，而倉庫出入口、洗手間出入口、黑暗角落、死角、過高、過低、氣味強的商品旁等位置一般都乏人問津，處於這種位置的商品銷售情況都不會樂觀。

有了好的位置，還需要好的陳列方式才能事半功倍。商品陳列按照陳列方式可以分為標準貨架櫃檯陳列、端架陳列、堆頭陳列、多點特殊陳列，每一種方式都可以選擇橫式陳列或者縱式陳列，無論選用怎樣的陳列方式，都要注意陳列的地點、面積以及影響力。

商品陳列要遵循以下幾個原則：緊鄰強勢同類競品，優於競品；位置抓目光；突出主打商品；滿陳列、面積大、整齊、出樣多、同類產品集中陳列、整箱陳列；注意先進先出輪轉；價格標識醒目，包裝正面標識面向消費者；陳列整潔、乾淨。

▌好的銷售員選擇

有了好的終端和陳列，商品也就有了面對消費者的機會，但是它們不會自己推銷自己，也不能為消費者答疑解惑，所以在零售終端還需要配備專職的銷售員。銷售員的服務會直接影響到消費者的感受和決策，因而也要慎重選擇。

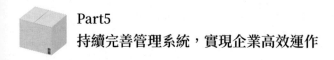

1. 零售終端選銷售員的依據

銷售員的人數要與營業額相匹配，一般情況下，形象視窗類零售終端需配備 2 名專職銷售員，銷售保證類終端需要 1 名銷售員，銷售補充類終端配備 1 名兼職銷售員就可以了。如果是銷售新進品牌，A 類零售終端或者產品種類齊全的櫃檯，可以配備 3 至 4 名專職銷售員，開展促銷活動時，可以斟酌再增加幾個臨時銷售員。

銷售員還必須具有跟銷售品牌相匹配的能力，例如孕嬰童品牌銷售終端選擇銷售員，必須挑選親和力強的，奢侈品牌的銷售員，則對氣質要求較高。

2. 銷售員控制環節

一個合格的銷售員，要經過認真的篩選、嚴格的培訓，再加上他們自己不斷的學習，熟練掌握銷售員流程和與顧客溝通的技巧，找到屬於自己的銷售員風格。在具體的工作中，更是要堅持計畫、執行計畫、檢查計畫，對計畫進行調整並不斷改善的循環。

▋好的零售終端生動化執行

1. 終端生動化的操作要素

在終端執行方面，企業需要選擇好的陳列，嚴格執行價格體系，時刻掌握商品的價格動態，同時盡可能占據庫存優勢，避免熱銷產品缺貨。

2.POP（Point of Purchase，賣點廣告）促銷宣傳

主題海報、DM、宣傳摺頁、吊旗、價格牌、三角牌、貨架插卡、兌獎點標示、貨架頂牌、燈箱、X 展架、立牌、活動展板、手提袋、促銷

臺、促銷服等都可以作為POP促銷的宣傳元素，盡量選擇多種POP元素，但是要保證形象和主題的統一，並且與陳列匹配，位置醒目生動，宣傳材料過期或者出現破損以後要及時換新，還要盡量避免浪費。

▍好的零售終端促銷執行

1. 選擇促銷的條件

要先取得零售終端的配合，選擇銷量好的商品，在顧客容易關注的位置促銷，同時促銷的零售終端還要滿足人流量大、形象好、影響力大、客流與目標顧客群體較一致等條件。

2. 促銷方式

按照服務對象的不同，促銷分為以消費者為中心和以企業及組織為中心兩種方式，如圖 5-3 所示。

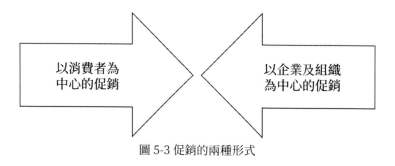

圖 5-3 促銷的兩種形式

★以消費者為中心的促銷

零售終端的促銷大多是針對個體消費者進行的，促銷方式各式各樣，靈活多變，包括優惠券、現金券促銷、直接折扣促銷、變向折扣促銷、退款優惠促銷、有獎促銷、樣品促銷、現場演示促銷、禮品促銷、展覽會促

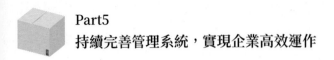
銷、名人效應促銷、贊助促銷等，每次促銷可以根據具體情況選擇一種或者幾種方式任意組合。

★以企業及組織為中心的促銷

以企業及組織為中心的促銷方式比較固定，主要是透過商業折讓、批次折讓、商業折扣以及費用補貼等方式進行促銷。

3. 促銷的核心環節

合理的產品組合與陳列，合理的 POP 展示與促銷工具，合理的資訊傳播和活動宣傳，合理的促銷方式、促銷位置以及促銷價格，都是促銷的核心，每一個環節都不能掉以輕心。

4. 促銷的前提

爭取生產廠商的支持，對零售終端結合產品和市場進行全面分析，取得零售終端的全力支持，同時做好促銷前期準備工作，這些都是進行促銷的前提，少一個條件都不適合進行促銷。

▌好的零售終端拜訪管理

企業在準備拜訪零售終端之前，要先制定好訪店計畫，正式拜訪時要先進行外圍檢查，進店後打招呼，整理清潔貨架和商品，了解商品銷售情況，清點庫存，給終端提供補貨建議；拜訪結束之後向終端道謝；回去之後對這次訪店總結。

在進店招呼環節，多多利用態度、產品、熟人關係、促銷宣傳品、服務和投訴回訪等方式，拉近彼此間的關係。

　　企業還要給零售終端多講關於利潤的話題，投其所好，注意時機對象和角度、講講利潤之外的價值、助銷；拜訪環節準備好拜訪路線計畫表、銷售報表、銷售說明用品、商品陳列物料和其他必備用品，做到計劃周到、準備充分、路線合理以及有效的時間管理。

━━ 零庫存管理模式：

豐田精益模式給我們帶來怎樣的啟示？

庫存，顧名思義就是倉庫中實際貯存的貨物，是企業銷售和使用的儲備物料，包括成品、半成品和原材料等。從管理學上來講庫存就是本身含有經濟價值的物品的停滯和貯藏。庫存的意義就在於能使供需之間保持平衡，從而使生產能夠保持穩定。

庫存能夠維持供需平衡，調節生產和銷售之間的矛盾，因而受到了許多企業的重視。但是國外的一些資料資料顯示，當企業的庫存量維持在20%的增速時，庫存才能保持其價值。

如果庫存過多的話，不僅會提高企業的倉儲費用，產品本身也會失去價值，進而形成不良資產，總之對企業而言有害無益。由此可見如果庫存不合理也會制約企業的發展速度，因此對於企業而言，改革庫存管理模式將是促進其迅速發展的重要一步。

在 1970 年代，日本的豐田汽車就率先改革了庫存管理模式，採用了零庫存管理，隨後更多企業開始重視這種先進的管理技術模式，並對其進行了相關的研究和應用。

要對這種零庫存管理模式進行分析首先應該弄清楚什麼是「零庫存」，從個體經濟學的角度來講，零庫存的管理方式與傳統的物資管理方式有著極大的差別，在不同的管理基因的影響下決定了其擁有不同的實施方式和意義。

★ 零庫存代表一種經營實體庫存現狀的變化趨勢。

★ 零庫存並不是人們通常理解中的沒有庫存，因為從事物的存在狀態來看，根本無法達到沒有庫存。這裡的「零庫存」是指經營實體可以不用自建倉庫就可以存放物資，可以利用供應商和其他上游企業的倉庫來存放物資。

★ 零庫存只是相對於經常性和積壓性庫存而存在的一種狀態。

★ 零庫存管理方式並不是適用於所有的企業，適用這種管理方式的企業不僅要有比較強的管理方式，還要考慮其自身經營的專案和外部環境是否允許其使用這種方式。

因此企業如果要實行零庫存管理模式，根據自身情況選擇合理的管理模式就顯得尤為重要：

★ 企業可以採取一些手段將傳統的倉庫轉化成虛擬的中間樞紐，這樣就可以摒棄傳統的倉庫，省下了一大筆建設以及管理倉庫的費用。

★ 採用零庫存的管理方式縮短實現整個生產供應鏈所需的時間，提高效率，降低營運成本。

★ 傳統的物資管理，企業在營運過程中對物料需求和經營環境一般採用主觀評估，使得在營運中出現了許多差錯，而採用零庫存管理方式之後，庫存管理更加透明化，並且有更加真實的資料來支撐企業的決策和經營。

由此可見，零庫存管理方式存在的意義在於將在傳統物資管理方式中產生的各種不確定性因素轉變成了真實的資料和確定性的因素，為企業的經營和發展提供了重要的參考。

日本的豐田汽車公司是最早採用零庫存管理方式的企業，並且成為最大的受益者。豐田公司實行的零庫存管理可以實現一半以上的原材料和半成品不需要進倉庫，當生產線上需要這部分原料的時候只需 10 分鐘就可以將這些原料運送到生產線上，中間的時間這些原材料都是「庫存在路上」。

　　豐田在這方面可謂是有先天的優勢，因為在豐田總裝廠的周圍圍繞著眾多供應商、生產零部件和半成品的工廠，可以讓豐田在最短的時間內獲得所需材料。當然豐田實現零庫存需要有幾個重要的前提條件，如圖 5-4 所示。

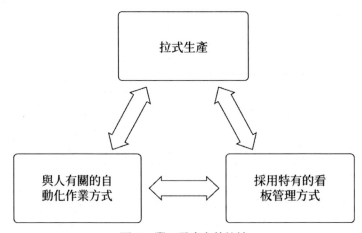

圖 5-4 豐田零庫存的祕訣

1. 拉式生產

　　所謂的拉式生產就是各個流程都環環相扣的生產模式，要開展後一道工序必須要有前一道工序支撐，前一道工序生產的特定數量必須剛好滿足後一道工序的需要。這就轉變了傳統的生產模式，產品不再是任意地生產，而是真正實現了按需生產，這樣就避免了對資金的大量占用。

生產方式的改變就意味著傳統的銷售方式也發生了改變，這一系列的改變促進了企業生產力的整合，在提升資源利用率的同時也將資源的價值發揮到了極致。

2. 採用特有的看板管理方式

在豐田的工廠裡既沒有分門別類擺放在物架上的零部件，也看不到搬運零部件的員工的身影。這是因為豐田在生產中採用了看板方式，提高了生產效率，促使豐田又登上一個新的高度。

看板方式是專門為配合拉式生產方式而創造的一種方式，是領取工件和傳達生產指令的一種傳播媒介。看板方法與拉式生產方式的完美搭配不僅提高了工作效率，也簡化了生產流程，同時也減少了資源的浪費，實現了按需備料、高效生產、高效管理。

3. 與人有關的自動化作業方式

這種方式成為高效、準時的零庫存重要支撐。許多企業都非常重視員工，因為對企業而言有了合適的方法和制度，還要有會使用這些方法的人，因此豐田要求員工應該先對拉式生產方式有一個深入的了解，並且要不斷學習，提升自己的素養，善於發現和改變。豐田將提升員工素養和科學的管理方式結合起來打造了一支一流的員工團隊。

日本豐田汽車公司在實施了零庫存管理之後取得了相當明顯的效果，由此帶動了更多的企業開始採用零庫存管理模式。迄今為止，零庫存管理方式已經遍布歐洲、大洋洲、北美洲等地區。

零庫存管理模式的應用同樣展現了一個企業的綜合管理實力。要想實現零庫存首先要深入市場，了解市場需求；其次企業要根據市場需求制定相應的生產計畫，根據生產需求制定採購計畫，力爭實現產得出、銷得

掉；再次就是要做到及時出貨和運送，讓消費者盡快拿到貨物。零庫存並不是指庫存為零，只是企業在加強物流管理的基礎上將直接庫存實現在時間和空間上接近為零。

企業要清楚地認識到倉庫只是產品在投放到市場過程中的一個休息站而已，市場才是產品的落腳點。此外，企業還要從根本上轉變自己的管理理念，充分整合和利用現有資源，選擇合理的管理對象，對其加強培訓，從而提升企業在零庫存管理方面的水準。

ERP 管理系統：
技術改革時代，引領零售業管理模式創新

　　技術革命的到來必將會推動新時代和新工業的發展，這是前面幾次技術和科技革命為人們帶來的啟示。而今不斷發展的高科技又將顛覆人們對這個時代的認識，同時技術的改革也使傳統的商業組織發生了翻天覆地的變化，並在零售領域創造了「沃爾瑪」這樣的商業奇蹟，沃爾瑪的發展已經不能用經營商品來描述了，甚至於可以誇張地說它在生產商店，在經營工業化的大物流。

　　在如今激烈的市場競爭中，讓許多企業的管理者頭疼不已的就是缺乏有效的管理措施。要降低經營成本，提升庫存管理和服務水準，最大限度地發揮零售配送體系的功能，首先必須解決的問題就是控制好貨品。從某種程度上來講，這個原則不管是在夫妻店還是沃爾瑪都同樣適用。

　　夫妻店與沃爾瑪的區別就在於沃爾瑪透過採用條碼技術、銷售時點系統、S.K.U 貨品控制技術、電子資料交換系統（EDI）、「零售商聯繫」系統等電腦技術不斷對它的產銷量鏈進行改進，並運用高科技手段來精心布置自己的每一件商品，從而使沃爾瑪擺脫了傳統零售商店的勞動密集型的形象，展示了一段從傳統到現代的蛻變過程，並最終成為新時代的零售帝國。

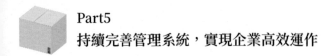

零售企業急待進行管理創新

隨著現代資訊科技的不斷發展和物流條件的逐漸成熟，商品配銷的成本也不斷下降，這就導致零售企業失去原本就近供貨的優勢，取而代之的是來自全球的更多、更豐富的貨源。商品經銷不再是決定零售企業成敗的關鍵因素，而且商品的定價也不再由零售商來決定。

同時零售組織可以按照既定的流程進行管理，資料資源成為企業生產的重要參考要素。夫妻店之所以能夠以比較頑強的生命力存在於激烈的市場競爭中，最關鍵的因素在於他們一直遵守一個最簡單的商業規則，就是「用最簡便的辦法將商品賣出去」，沃爾瑪的成功也離不開這條最簡單的規則。沃爾瑪充分利用高科技手段，在大規模經營的情況下遵循了簡單法則，大大降低了經營成本。

因此進行管理創新就成了零售企業在新時代裡維持生命的重要根源，對於零售企業來說，擺在眼前的問題就是如何讓現有的管理流程更簡潔、更有效，並讓技術上的功能整合和管理上的職能整合得到最大限度的發揮。

BPR（Business Process Reengineering）就是指業務流程重組，它與組織結構扁平化是一種手段和目的關係，資訊科技的發展使得組織的管理幅度和深度進一步擴大。ERP 管理系統架構如圖 5-5 所示。

ERP 系統
（企業資源計畫）

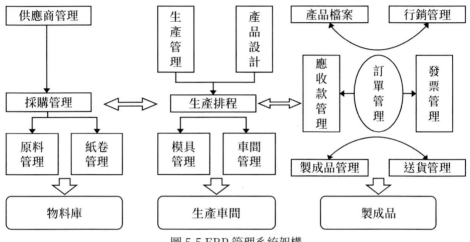

圖 5-5 ERP 管理系統架構

在傳統的管理系統中，一個職能管理者最多可以管理 6 至 7 個人，但是實施業務流程重組之後，一個職能管理者最少可以管理 30 人，大大提升了工作效率，同時也簡化了組織架構，降低了人力資源的成本投入。

進行管理創新就是要解決好集權和分權的關係。集權雖然能夠帶來規模效益，但是不彈性；分權雖然執行起來比較彈性方便，並且能夠更大範圍地提供客製化服務，但是卻容易出現資源浪費、中層冗餘等問題。

評價一個業態是否有生命力的標準，在於其是否進行經營創新，而評價一個企業是否有生命力的標準，在於其是否進行管理創新。因此對於零售商而言，管理創新已經成為一種必然趨勢，從管理基礎出發進行管理創新，逐漸演化成一種新時代零售商們之間實力的較量。

▌管理創新如何帶來經營績效

　　零售企業本身是一個社會組織，在激烈的競爭中，面對生存環境的不斷變化和消費者的選擇，零售企業要想在激烈的市場競爭中生存下去，就必須依靠組織的合作作用。

　　管理就是組織合作的工作，如果零售企業是處在一條比較容易斷的供需鏈上，如果只是經營一個單品，可能短時間內可以依靠人海戰術獲得相應的供給，但是一旦需要大量的單品，僅僅靠人海戰術是不能滿足的。因此零售企業如果缺乏有效的管理技術和方便快速的流程，就可能走向滅亡。

　　企業再造也就是組織再造，包括對組織行為和個體行為進行管理創新。零售企業作為一個組織，一頭連著成本，一頭連著產出。假設一個零售企業在一天的經營中人均投入 10,000 元，產出是 12,000 元，那麼 100 個人產出就是 120 萬元，那麼這 100 人就是一個組織，問題就在於如果這個組織的淨收入是 101 萬元，收益率就是 1%，那麼那 19 萬元包含的剩餘價值到哪去了？

　　如何完善管理流程，其實還是要最終回歸於「簡單」二字，只有從最簡單出發，才能從複雜的事物中看到本質。

　　對於零售企業而言，首先應該把握自己核心業務的流程，利用量化的物流程序對業務工作進行組織，對非增值的業務進行簡化和合併。那麼在商品經銷環節，零售企業應該怎樣做才能保證商品流、資金流和資訊流的統一以及順暢呢？

　　一方面需要企業完善地進行流程；另一方面則需要企業構建扁平化的管理架構，同時要利用 IT 工具對企業行為進行量化和控制。

　　總而言之，如果利用資訊處理技術對資料進行有效的處理，則可以首先完善流程管理，這樣才能使得零售企業在經營過程中不管商品種類有多少，數量有多少，都可以做到有條不紊。

　　沃爾瑪在剛剛只有幾家商店的時候，其創始人山姆·沃爾頓（Sam Walton）就感到了管理的困難性，幾家店面運作混亂，帳目資訊亂成一團，商店的訂單滿天飛……面對著這一團糟，山姆·沃爾頓清晰地認識到如果不能系統地管理所有環節，沃爾瑪想擴張就更加難了。

　　因此沃爾頓開始對管理方式進行創新，首先進行改革的就是配送制度。在以往沃爾瑪採用的是直接將貨物運送至商店的配送方式，經過改革之後採用了一種全新的配送方式 —— 集中管理的配送中心。有了這個配送中心，就可以將所有商店的訂單資訊集中成一個訂單，然後在「中轉貨倉」按照訂單資訊進行組合或處理，同時沃爾頓還用工廠的電腦技術實現了更加簡便的管理。

　　而今沃爾瑪在全球各地都有自己的配送中心，每個配送中心都配備有龐大的物流運輸車隊，可以支撐其順暢的物流配送。車隊從配送中心出發經過一天的時間就可以到達周邊所有的商店。沃爾瑪的商店裡有 8 萬多種商品，而且倉庫內還配備有雷射辨識系統，可以在最短的時間內實現商店補給。

　　沃爾瑪還利用資訊系統了解每一家供應商以及分店的品類資料，然後為每一家店鋪設計一個簡潔的產品銷售模式。透過這一系列舉動，沃爾瑪的營業額上升了 32.5%，庫存下降了 46%，周轉速度提高了 11%，同時配送成本也得到了極大的降低。因此說組織管理的績效就是從成本入手贏得利潤空間。

面對激烈的市場競爭，零售企業要想透過管理創新來提高經營績效，就要由內而外做好組織創新，然後在工具的幫助下創造持久的盈利模式。

零售企業可以依靠 IT 工具，將大量的商品資訊和行為資訊轉換成可控的資料進行統一的管理，藉助數位化管理來減輕繁重的商業勞動，降低勞動成本，同時使企業的工業化流程實現成本量化，更便於組織管理。零售企業大量的工作不再是無意義的重複以及簡單無序的商品交易，而是擁有一整套管理流程的高階數位化作業。

零售企業 ERP 系統研發和應用的正確途徑

構成企業活動的最小單元，就是管理業務流程中的每一個小的「環節」，稱之為「作業」。現代企業追求的精細化管理就是對業務流程中的每一個環節實現最大的控制和管理。以往商業領域使用的是 MIS，即管理資訊系統，而現在零售商使用的是能夠對企業資源進行整合的 ERP 系統，兩者的應用處在完全不同的水平線上。

從這個層面上來講，零售企業並沒有從根本上認識 ERP 系統，不了解其實施的過程和意義，他們只是遊走在眾軟體供應商中，尋找其中最低價格的版本，並試圖利用這個系統一勞永逸。事實上，企業追求資訊化的重要意義在於可以提高管理水準。一套有效的 ERP 系統，既可以展現一個企業的管理制度和管理思想，同時也有利於企業規劃長遠業務和設計新的商業盈利模式。

總之，一方面，衡量企業實施 ERP 系統是否成功的標準就在於其管理是否實現標準化和規範化；另一方面，要讓 ERP 系統真正能夠提升企業的管理水準，必須經過廣泛的應用研發和應用整合。

正確的做法應該是在 ERP 應用軟體研發的過程中廣泛整合顧客的需求，同時要集合先進的價值鏈試算和技術，這樣才能實現績效的提升。例如，怎樣才能透過管理創新和系統實施將庫存誤差率控制在萬分之一以下呢？這才是企業應該重點挖掘的價值。

零售企業在追求商業績效的驅動下，不斷推進資訊化的程式，在 IT 應用方面早先使用的櫃檯 POS 系統、進銷存 MIS 軟體系統和財務管理軟體已經被淘汰，被更高階的客製化的 ERP 系統所取代。

對於零售企業使用 POS-ERP 產生的大量資料，對內需要更高階的 BI（商業智慧）、OA（辦公自動化）、DSS（決策支持）系統做支撐，透過整合將大量的資料轉換為知識和決策的重要依據；而對外需要有廣域擴展的資訊管理平臺 SCM（供應鏈管理）和 CRM（顧客關係管理）做支撐，與內外部供需鏈上的成員共享資料以及開展合作商務，從而構築一個企業級的資料中心智慧控制平臺，對所有零售企業的資訊進行收集和控制。

隨著通訊技術和網路技術的發展，資訊科技的廣泛應用正在顛覆傳統的商業，將來傳統商業會變成人們眼中真正的網路公司，管理者和員工也會成為現代商業機器的操控者，「資訊孤島」的現狀將不復存在，取而代之的是資訊傳遞可以實現四通八達的經營網路，在這個經營網路中同時為供應商和社會服務環境留下了各種介面。

CRM 管理系統：
有效建立顧客關係，打造企業核心競爭力

　　CRM 顧客關係管理，是指企業利用相應的資訊科技以及網際網路技術來協調企業與顧客在銷售、行銷和服務上的互動，從而提升管理水準，向顧客提供創新式互動和服務的過程。CRM 的最終目標是透過提高顧客滿意度來改善顧客關係，吸引新顧客，保留老顧客，將已有顧客轉為忠實顧客，從而實現企業競爭力的提高。

　　CRM 這個概念起源於美國，由 1980 年的接觸管理演變而來，1999 年，結合當時新經濟的需求和新技術的發展，資訊科技諮詢公司 Gartner Group 正式提出了 CRM 概念，之後 CRM 市場一直處於一種爆發性成長的狀態。

　　它要求企業與顧客建立密切的聯繫，透過對顧客長期的接觸和了解，解決顧客在產品使用過程中遇到的各種問題，收集顧客對產品的意見和建議，同時透過對每一個顧客的了解，為他們提供「一對一」的客製化服務，為顧客提供良好的購物體驗。透過對顧客更深入的了解，企業甚至可能發現新的市場需求。

　　簡而言之，CRM 的核心思想就是透過跟顧客的大量接觸和了解，蒐集顧客的問題、意見、建議和要求等各種資料，然後對這些珍貴的大數據進行科學深入的探索分析，利用分析結果對顧客提供完善的客製化差異化服務。

　　CRM 的思想在實際操作中的應用，透過模型設計整合的 CRM 管理軟體系統來實現，這套系統透過對現代資訊科技的運用，以顧客為中心，將市場行銷、銷售管理、顧客服務和顧客支援等企業模組全部重新設計，把所有業務流程資訊化，從而實現顧客資源更有效的利用和管理，如圖 5-6 所示。

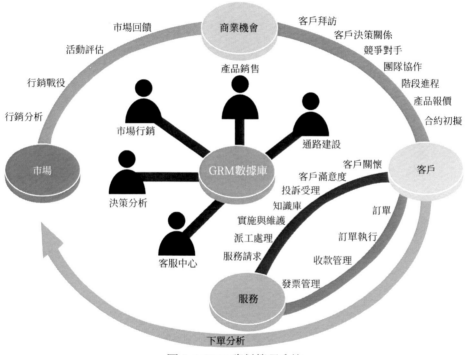

圖 5-6 CRM 資料管理系統

　　CRM 軟體系統覆蓋顧客管理、聯絡人管理、時間管理、潛在客戶管理、銷售管理、電話銷售、行銷管理、電話行銷、顧客服務等顧客關係管理的方方面面，甚至還包括客服中心、合作夥伴關係管理、商業智慧、知識管理、電商等看起來與顧客管理並沒有密切聯繫的部分。

　　按照功能特點，CRM 可以分為觸發中心和挖掘中心兩個部分。前者指的是透過電話、傳真、網頁、電子郵件等多種方式實現系統與顧客之間「觸發」性的溝通，後者指的是系統將與顧客的溝通進行記錄、蒐集、計算和分析，以供企業決策參考。一個完整的 CRM 管理系統必須二者兼備，並且供應鏈管理必須與顧客關係管理能有效整合。

　　CRM 直接面對顧客，相當於企業管理的櫃檯，櫃檯的銷售、市場和服務等資訊必須及時地傳達到生產、財務等部門，才能在企業營運中產生作用。

★ 在實施 CRM 之前，首先要保證它的方向與企業整體策略一致，並且適合企業現狀。

★ 其次，在具體實施過程中可以設定明確的可量化的階段目標，用具體的數字表示出來，例如用「降低服務回應次數 19%」來替代「改善顧客服務」。

★ 最後，企業要慎重選擇 CRM 服務商，有實力、信譽好的供應商才能提供可信賴的解決方案。CRM 的應用不可一蹴而就，CRM 的內容雜，牽連廣，實施過程中涉及各種服務配合，因而必須在企業高層的支持與全公司的配合下分階段實施。

　　在網際網路時代，CRM 的應用不再局限於實體經濟，很多企業運用 CRM 管理系統全力開展網路業務，也收穫了巨大的成功，思科公司（Cisco）和亞馬遜書店是這種企業的典型代表，他們經典的成功案例在業內廣為人知。

　　思科公司是全球領先的網路解決方案供應商。依靠技術優勢和對網路經濟的專業理解，思科公司建設了面向全球的交易系統，其服務範圍已經

覆蓋了全世界的 115 個國家。在顧客服務領域，透過 CRM 系統的全面應用，思科將顧客服務業務整體搬到了網際網路，並且確保對每一個透過 Web、電話或其他方式來訪的顧客進行及時妥善的回應、處理和分析。

CRM 每年為思科公司節省的顧客服務費用達到 3.6 億美元；同時將顧客滿意度由 1995 年的 3.4 提高到了 1998 年的 4.17，創造了資訊科技產業的顧客滿意度神話。更為重要的是，CRM 為思科創造了極大的商業價值，不僅幫思科實現了全美大半的網際網路營業額，還將出貨時間由從前的 3 週急遽減少到 3 天，使利潤成長了 500%。

亞馬遜書店是全球最大、訪問人數最多和利潤最高的網路書店，它的銷售收入依舊每年大幅增長。在這個競爭日趨激烈的網際網路時代，亞馬遜書店的經營依然保持長盛不衰，其採用的強大 CRM 管理系統功不可沒。亞馬遜書店採用了甲骨文公司（Oracle）的資料庫、電商應用以及 Internet 技術平臺，並且充分利用了 CRM 的顧客智慧。顧客在亞馬遜書店完成一次交易以後，書店的銷售系統會詳細記錄下這次的交易書目和顧客瀏覽過的其他書目，根據這些資料，系統會自動尋找同類型的圖書，並且在顧客下一次登入時自動進行推薦。

隨著顧客光顧亞馬遜書店的次數增多，CRM 蒐集到的顧客資料也在不斷增加，透過對這些資料的分析，系統對顧客的喜好、習慣等了解得更加全面，也就能為顧客提供更貼心的服務，更好的購物體驗，最終實現顧客黏著度的提升和口碑的建立。公開資料顯示，在亞馬遜書店購物的顧客中，65% 的顧客是第二次或者多次購買，如此高的黏著度是每家企業的理想，因為發展一個新顧客的投入比保留一個老顧客高 8 倍，忠實和穩定的顧客群不僅為企業帶來良好的收益，還大大節省了顧客研發成本。

思科和亞馬遜書店的成功充分證實了顧客智慧策略的強大和有效，它

不僅達到了技術層面的完善，在商業層面也做到了切實可行。像 Oracle 這樣有實力的軟體供應商，能為企業提供全面的電商解決方案，能為企業帶來難以想像的成功助力。

除了思科和亞馬遜這樣的網際網路企業，CRM 也能夠為傳統產業提供強大的支持。藉助基於 CRM 概念的電腦管理系統，1994 年創立的第一資本（Capital One）財務公司充分利用其先進的資訊科技和管理系統，大規模地收集顧客資料、分析顧客資訊，並將分析結果應用於公司的各種決策。僅 1998 年一年，第一資本公司就對新產品、新廣告策略、新興市場和新興商業模式等業務領域進行了 2.8 萬次測試，以保證公司行銷策略的精準 —— 在正確的時間、以正確的價格、向正確的顧客銷售正確的產品。

除了高度智慧化的電話中心，第一資本公司還將 CRM 系統用於信用卡的設計，並取得了驚人的成功：短短幾年內成功躋身美國頂尖的信用卡發行商之列，擁有 840 億美元的存款，1,430 億美元的貨款總額和 5,000 萬個顧客帳戶，655 家分公司遍布全球，並與嘉信理財集團（Charles Schwab）公司、德意志銀行等全球 500 強企業有著廣泛的合作關係，為本土及全球顧客提供優質專業的創新服務。

第一資本這個案例充分說明了 CRM 適用範圍廣闊，它適用於各行各業的所有業務和流程，可以在整個商業社會掀起一場革命，而不是局限於某一產業某一領域。

無論哪個產業，企業的本質都是一致的，那就是透過滿足顧客的需求來獲取一定的利潤。然而，顧客會有各式各樣的需求，不同顧客的需求存在著很大的個體差異，即便是同一個顧客的需求也會隨時發生變化，這就對企業提出了更高的要求。

在小商品經濟時代，商業主體主要是街邊小店，店家與顧客的交易發生在面對面的接觸之中，店家與顧客之間往往存在著私人關係，二者的交往既是私人的又是職業的，自然密切沒有隔閡，因而企業能正確地掌握顧客需求。另外，由於經營規模小，店家對自家店鋪的所有財務資訊和經營情況有清晰的了解，因而能做出準確的經營決策，更好地滿足顧客需求，從而實現顧客滿意度的提升，建立顧客黏著度，達到店家與顧客的「雙贏」。

進入工業社會以後，商業主體變成系統化營運的企業，雜貨店那種忠誠和親密的關係變得難以實現。在現在的社會環境下，企業要想追求與顧客之間的忠誠和親密，需要具備更強大的資訊能力。

基於這種需求，企業界在 1990 年代開始掀起了一股 CRM 潮流，企業透過對先進的資訊科技和顧客管理理念的應用，實現業務流程和資源的共享，為顧客提供更符合心意的產品和服務，保持和提高顧客滿意度和黏著度，從而實現企業優勢的保持和利潤的最大化。說到底，CRM 的重要策略地位，是由企業目的決定的。

──【商業案例】家樂福：
精細化管理模式下的採購流程和配送體系

▌家樂福的全球採購流程

1. 首先要找到合適的貨源。家樂福在進行採購的時候會根據其對產品的技術要求尋找相應的供應商，對供應商的技術和生產能力進行評估。

2. 供應商要有資格認證。供應商必須經過嚴格的考察和資格認證後，才有機會參與競標。

3. 供應商和企業之間進行公平、公開的價格談判。談判需要首先滿足兩個基本條件：一是由企業提出投標價格；二是供應商的產品的技術和效能指標必須符合標準。

4. 家樂福會追蹤供應商的整個生產過程。當供應商與企業談妥之後，供應商就會正式投入生產，而家樂福還隨時在生產過程中對產品的品質進行測試和監督，從而避免因大批次生產而導致的產品品質問題。

▌要做家樂福全球採購的供應商應該具備的條件

1. 供應商必須有豐富的外貿經驗，產品已經在國際上開啟了市場，供應商對外貿的操作流程非常熟悉。

2. 對於紡織品的採購，產品應該有歐盟紡織品配額，也就是說產品必須有資格進入歐盟市場。

3. 與同類產品相比在價格上有競爭優勢，可以以優惠的價格提供給家樂福。

4. 要有扎實的產品品質，企業可以不必有 ISO 認證證書，但是產品生產要達到這樣的標準。

5. 能夠進行大批次的生產，並且可以保證在拿到訂單之後確保品質、如期完成。

6. 能夠根據國外市場的需求研發和生產相應的產品。

7. 要了解和熟悉歐洲市場對產品規定的最新的安全規格要求。

8. 要有強大而迅速的反應能力，能緊跟市場的變化和需求提出的新要求，並在最短的時間裡做出相應的反應。

9. 能準時交貨。

10. 供應商能夠自主創新，不斷研發新產品。

11. 積極進取，不斷提高在歐盟市場的知名度。

12. 具有可持續發展思維。

家樂福採購管理

1973 年巴西家樂福正式成立，巴西這個富有潛力和魅力的國家在向零售商提供重大發展機遇的同時，也讓零售商面臨了許多挑戰。

巴西的市場潛力巨大，消費者的購買能力也很高，但是巴西的資源比較貧乏，也沒有必要的基礎設施支撐，經歷著暗無天日的經濟危機，這是讓許多零售商頭疼的一件事。

但是即便在這種生存環境下，家樂福依舊在巴西努力扎根。到 2004 年的時候，巴西家樂福已經成為巴西第二大零售商。

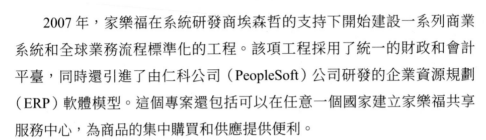

Part5
持續完善管理系統，實現企業高效運作

　　2007年，家樂福在系統研發商埃森哲的支持下開始建設一系列商業系統和全球業務流程標準化的工程。該項工程採用了統一的財政和會計平臺，同時還引進了由仁科公司（PeopleSoft）公司研發的企業資源規劃（ERP）軟體模型。這個專案還包括可以在任意一個國家建立家樂福共享服務中心，為商品的集中購買和供應提供便利。

　　家樂福在歐洲、亞洲、拉丁美洲等地區已經建立了9,200多家分店，還收購了其在法國的競爭對手普莫德集團（Promodes Group），成為歐洲排名第一、世界排名第二的零售商。僅在巴西一個國家，家樂福就成立了數家百貨，122家超級市場以及7家配銷中心。

集中配送

　　為了滿足巴西聖保羅（São Paulo）地區的商品配送需求，家樂福打算在這個地區建立一個配送中心，但是這個地方卻沒有有豐富配送經驗的設施供應商。家樂福是巴西地區唯一一家採用物流服務商的零售企業，因而在巴西地區，幾乎所有的零售商都沒有豐富的零售經驗。

　　後來家樂福選擇CotiaPenske物流公司來經營聖保羅配送中心，最初配送中心的配送範圍僅包括23個商店和幾種有限的商品，後來範圍不斷拓展，商品透過物流輸送可以到達數家百貨、23家超級市場和6家較小的配送中心。

　　位於聖保羅的奧薩斯庫（Osasco）在建設配送設施的時候經歷了兩個主要階段：第一階段配送設施的配送範圍是45萬平方英呎；在發展幾年之後的第二階段則達到了80萬平方英呎。聖保羅配送中心的配送範圍可以達到七八百公里。

　　家樂福大多數的高階百貨商場都圍繞著聖保羅，並且依靠其配送中心

向商場輸送貨物。聖保羅配送中心經營包括食品、器械和電子裝置在內的36,000 種商品，擁有上百臺的電動升降機和無線電接收機。隨著配送設施的不斷改善和工作效率的提升，聖保羅配送中心精簡了員工數量，員工的整體水準也得到了提升。

CotiaPenske 物流公司還在維多利亞（Vitoria）建立了家樂福的第二個配送中心，這個配送中心有 30 名員工，工作的場所達到 12,000 平方公尺，為附近的 2 個百貨和 15 個超級市場提供了配送服務。

家樂福在巴西地區已經發展為相當龐大的規模，因而除了要有能夠充分滿足產品儲存的倉庫之外，還需要有龐大的倉庫管理系統支撐。

CotiaPenske 新的物流服務商在整合 Penske 零售商和世界其他地區消費品配送專業技術的基礎上，以及根據 Cotia 公司對巴西零售市場的了解，開始自主研發倉庫管理軟體，解決了倉庫管理系統不能滿足家樂福在巴西不斷拓展商業版圖需求問題，同時也為家樂福與當地顧客的聯繫建立了橋梁。

▌經營業績考核

家樂福在經營過程中始終與配送中心保持密切的聯繫，每個月家樂福都會與 CotiaPenske 一起評論當月的經營業績，並且討論出了以下幾個業績衡量標準。

1. 品質檢查。對於採購的基本裝置和家用電器，家樂福要對所有的產品進行嚴格檢查，要確定產品達到 99.99％的合格之後才會輸送到各地的商店。對於紡織品、玩具和食品，家樂福要對其中 20％的產品進行抽查並確定達到 99.99％的合格率後再進行輸送。

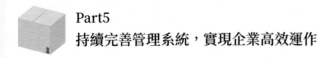

2. 生產力。就是每個員工在一小時之內的工作量。

3. 配送時間間隔。根據每天實際的發車數量來計算。

4. 在規定時間內完成運輸任務的能力。一般按照 24 小時、48 小時來計算。

5. 將家樂福企業資源管理系統和 CotiaPenske 倉庫管理系統的資料進行比較，誤差率不能超過 0.05％。

6. 衡量平均每輛車的裝載量，以車輛最大的容量為標準。

7. 車輛預計接出貨物的數量以及實際接出貨物的數量。

8. 供應商提供的貨物數量以及商店的實際需求量。

9. 運送到商店的貨物數量以及商店的實際需求量。

10. 貨車的裝載時間，按照貨車和貨物的類型分別進行統計。

11. 供應商提供的單一商品和混合商品的數量和比例。

12. 運送至商店的貨物為單一商品和混合商品的數量和比例。

13. 家樂福或 CotiaPenske 拒絕受理商店訂單的比例。

▌庫存作業準確率

　　家樂福的配送中心採用了條碼技術，庫存管理準確率達到了 99.97％，外向物流訂單處理準確率高達 99.89％。而且隨著產品現貨供應能力、員工服務水準以及庫存管理可見度的提高，商品的銷量也得到了有效提升，從而為配送中心減少了產品的庫存量。

　　採用集中配送的方式使家樂福減少了產品庫存和積壓，與此同時還增加了存貨的專案分類。在一些比較大型的商店裡，所有的商品會按照各自需要的儲存條件被放置在不同的商品架上。

CotiaPenske 的配送中心不經營容易腐爛的食物，而是經營有效期限較長的乾燥食品，利用條碼掃描技術可以獲取食品資訊，能夠根據食品的資訊準確辨別已經過期的產品，同時還可以將指定的產品分配到相應的商品架上，這樣就確保了產品的新鮮性。

在物流配送方面，家樂福依舊採用垂直管理模式，零售商與五個運輸公司直接進行了合作。

▌越庫作業（Cross-dock Operations）

家樂福在聖保羅配送中心還增加了越庫作業的功能服務。家樂福借鑑沃爾瑪在巴西地區開設了 10 家高階百貨商場，依靠越庫作業中心完成了其中高於 70% 的配送任務。

家樂福還增加了多個換裝站，並且在換裝站中可以完成產品的接收和運輸的物流過程，產品不需要長期儲存在倉庫裡，降低了庫存成本，提高了產品的響應速度。以前在家樂福的管理資訊系統中不具備「越庫作業資訊」的轉換功能。但在 2004 年的時候家樂福又重新建立了具有「越庫作業資訊」功能的管理資訊系統。不久之後，CotiaPenske 與家樂福簽署合約，由其來管理巴西的新配送中心，配送中心的配送設施則由 Excel 物流公司經營，負責採購貨物並將貨物輸送至 6 家高階百貨商場和 33 家超級市場。

在以往，家樂福的第三供應商從來不會與運輸商直接發生商業關係，但是家樂福與 CotiaPenske 的合作，將巴西零售企業、物流服務商以及運輸商聯繫了起來，並開始共同商討制定供應鏈管理綜合決策。在整個供應鏈中，家樂福的核心地位依然保持不變。

Part6

店鋪形象：

為顧客創造極佳的購物體驗是零售的經營核心

━━ 店面選址：
針對目標消費族群選擇適合的店鋪地址

對於終端零售店鋪的經營者來說，店面選址是否科學關係著店鋪的發展前景。因為店鋪的開設地點，決定了店鋪在有限的距離內能夠多大程度上吸引更多的潛在客戶，也就決定了店鋪營業額與利潤的高低。因此，零售店鋪經營者應當把店面選址當成一項重大的、長期性的投資，認真考察，全面分析，科學決策。

▌分析店鋪的目標消費族群

在進行店面選址之前，應當明確店鋪的經營範圍和經營定位，認清店鋪的目標消費族群。如果店鋪經營的是食品、日用品等快速消耗品，則應選擇在社群、居民小區開設店鋪；如果店鋪經營的是電器、家具等耐用消費品，就要選擇在交通便利的商業區開設店鋪。

此外，店鋪經營者需要認真分析自己的目標消費族群是中高階層消費族群還是大眾消費族群，要從性別、年齡、職業、消費觀念、行為習慣等多個角度精心定位目標消費人群，根據分析結果在能夠接近較多目標消費族群的地方選擇店址。

麥當勞（McDonald's）的目標消費族群主要是是年輕人，兒童和家庭，所以麥當勞在店面選址上，一是選擇人流量較大的地方；二是選擇在兒童和年輕人經常光顧的地方開設店面。

▌考察店鋪的交通條件和周邊環境

交通方便是店面選址的重要條件之一，店鋪附近最好設有計程車招呼站和公車站，方便顧客購物消費。在考察店面時應看一下店面門前是否方便停車，或店面周邊是否有停車場或空地。

很多城市出於交通管理的需要，會在一些主要街道設定交通管制，例如限制通行、限制車輛種類、單向通行、限制通行時間等等，店面選址應盡可能避開有交通管制的地方。

街道的中間如果設有分隔島則會限制對面的人流過來，分隔島對面的人流即使被你的店面招牌吸引，有時也會由於交通不便而只能放棄，因此在設有分隔島的街道選擇開店也要謹慎一些。

每條街道會因為所處位置、交通條件和歷史文化的差異而形成自己的特點，店面應選擇在交通通暢、來往車輛人流較多的街道。店鋪的座落和朝向也非常關鍵，店鋪門面應盡可能寬闊，朝北的店面需注意冬季避風，朝西的店面需注意夏季遮陽等。

即使同樣一條街道的兩側，受行人走向習慣的影響，客流量也不一定相同，需認真觀察客流的行進方向，在客流量較多的一側選址。另外，火車站、長途巴士站和城市的交通主幹道，雖然人流量非常大，但人流速度大多很快，滯留時間較短，很多並不是購物人群，在這些地方開設店面，應根據自己的經營方向謹慎選擇。

肯德基（KFC）計劃在某城市店面選址之前，首先會透過有關部門或專業調查公司收集這一地區的資料，完成資料收集以後，才開始進行商圈規劃。

肯德基的商圈規劃採取記分法。例如，某一地區有一個大型商場，商場營業額在 1,000 萬元記作 1 分，5,000 萬元記作 5 分，區域內有一條捷運線路加多少分，每條公車線路加多少分，這些分值標準是肯德基多年研究出來的一個較準確經驗值。

　　最後根據分值對商圈進行分類，定點消費型、市級商業型、區級商業型，還有旅遊型、社群型、商務兩用型等。

考察商圈人氣

　　在進行店面選址時需要理解「商圈」的概念，商圈指的以所在地點為中心向外擴張一定的距離後，能夠吸引顧客的範圍。受市場傳統、消費習慣、交通等因素的影響，特定區域的市場常常會形成特定的商圈。在商圈選擇中，為了便於顧客購物，通常而言，大多數店鋪適合開設在人流較多的城市主要道路和交通樞紐、城市繁華中心、居民住宅區附近及郊區主要道路、村鎮集市等商業活動頻繁、商業設施密集的成熟商圈。在對商圈進行評估時需要考慮以下幾點，如圖 6-1 所示。

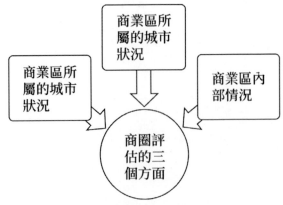

圖 6-1 商圈評估的三個方面

★商業區所屬的城市狀況

主要包括城市規模、人口數量、城市商業狀況、城市特徵、城市影響力，城市對周邊區域的吸引能力等。

★商業區所處城市的位置

主要包括商業區的交通和通訊狀況，其他服務業的配套措施，人流的集中程度和商圈消費人群的消費水準。

★商業區內部情況

該商圈的店鋪數量、經營狀況，從業種類；考察商圈內競爭對手的分布情況、市場規模及市場占有率。另外，還要考察該商業區商業文化氛圍，商業區是否有長遠的策略發展規劃。

商圈的成熟度和穩定度是非常重要的。肯德基把「努力爭取在人流量最高的地方和其附近開店」作為一條重要的店面選址原則。一般而言成熟商圈更利於開設店鋪，特別是開設乾洗店、超市、便利商店這樣的店鋪。

城市的新開發地區，初期往往居民較少，如果流動人口又不多的話，是不適合開設店鋪的。雖然在新建地區開設店鋪，競爭較小，但如果顧客較少的話，店鋪很難盈利。

店面選址要符合都市計畫和法律規定

隨著城市的高速發展，舊城改造可能會給店鋪經營帶來風險，因此在進行店面選址時要調查和了解當地的都市計畫情況，避免在存在拆遷風險的區域開設店鋪。另外，在房屋租賃時候，應詳細地調查了解該房屋的使用情況，例如房屋的建築品質、房屋的產權狀況等等，避免產生合約風險。

Part6
為顧客創造極佳的購物體驗是零售的經營核心

　　麥當勞開設店面的一大原則是「20 年不變」。所以，麥當勞在確定每一個店面備選地址之前，都會進行 3 個月到 6 個月的考察，再進行評估決策。考察的重點包括店面選址是否符合城市的發展規劃，有沒有可能進入都市計畫的紅線範圍，該區域是否會被拆遷。對於進入紅線的，堅決捨棄；老化的商圈，堅決否定。麥當勞把有發展前景的商圈、新研發的學院區、住宅區，作為重點考慮的地區。而對於純住宅區不會考慮，因為純住宅區居民的消費時間較為有限。

▌不要做「孤島」

　　「貨比三家」是很多人的購物原則，因此，選擇同類店鋪較為集中的區域，更容易招攬到更多的目標消費族群，相關店鋪聚集更容易提高相同目標消費群的關注度，不必過於擔心競爭激烈，選擇做市場的孤島，非常容易陷入門可羅雀的困境。

　　花卉市場、電子市場、建材市場等專業化程度較高的專業市場，非常適合開設店鋪。值得注意的是在專業市場或商場進行店面選址的過程中，需要考察這些市場和商場在當地的影響力，市場的規模、管理水準等因素，對開設時間較短、市場規模較小、管理混亂的市場或商場，需謹慎評估。

　　古語說「一步差三市」，意思是開店地址差一步就有可能差三成的買賣。由此可以看出店面選址是關係到店鋪經營成敗的一個關鍵因素。

　　店鋪經營者在進行店面選址時，應首先從店鋪的經營定位出發，找出自己的目標消費族群，針對目標消費族群找出備選店址方案，然後對備選方案進行交通條件、商圈人氣、都市計畫、同業密集度等方面的分析評估，認真選擇合適的開店地址。

▬ 店面設計：
給消費者營造一種與眾不同的視覺體驗

　　如何讓你的店面更加與眾不同？在這個注重消費者體驗與服務品質的時代，店面設計也要圍繞「服務」這個詞展開，讓整體店面更便利於顧客，更能夠服務於消費者。

▌店面設計原則

　　下面我們來看看店面設計的幾個原則，如圖 6-2 所示。

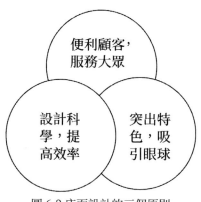

圖 6-2 店面設計的三個原則

1. 便利顧客，服務大眾

　　店面內部環境必須以「以顧客為中心，服務於顧客」為設計原則，要注意滿足顧客的多方面要求。如今，顧客「逛商場」已經不是一種簡單純粹的購買活動，而是一種集購物、社交、娛樂、休閒為一體的全方位綜合

性活動。因此，店面不僅要在自己的店鋪空間裡設計出擺放商品的位置，還要營造出休閒、舒適、娛樂的空間，讓消費者體會到更舒適、更良好的服務。

2. 突出特色，吸引目光

店面設計要突出自身特色，根據目標消費者的消費習慣和特點，以及所經營商品的類別和特色，來設定裝修風格。當你營造出屬於自己的別具一格的特色時，目標顧客自然會被吸引過來，成為店鋪的顧客。

總而言之，店外和店內設計應該都有特色。第一，讓目標顧客一看到店外設計的外觀就產生興趣，而且願意進店看看；第二，當顧客一走進店裡，就能被店內的設計風格和商品風格所吸引，產生購買欲望。

3. 設計科學，提高效率

科學的店面設計能夠更好地組織商品的經營管理工作，讓店鋪的進貨、存貨、取貨、銷售等流程都能緊密配合，讓每個店員都能充分發揮自己的潛能，在節省勞動時間、降低勞動成本的同時，提高店鋪營運效率，增加店鋪的經濟效益與社會效益。

▌營造視覺體驗

店面設計要吸引顧客注意，就要求設計風格和商品具備一定的刺激強度，只有這樣才能被消費者更好感知。為此，根據視覺心理學原理，可以採取以下策略，如圖 6-3 所示。

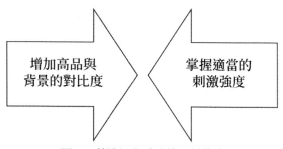

圖 6-3 營造視覺體驗的兩種策略

1. 增加商品與背景的對比度

店鋪內一般都會呈現出各種視覺資訊，而走進店內的顧客只能選擇少數資訊作為辨識對象。根據視覺心理原理，想要突出的對象與背景之間反差越大，就越容易被感知。例如在沒有色彩的背景上更容易注意到有色彩的東西，在昏暗的背景中更容易看到有亮度的東西。

因此，增加商品與背景的對比度，是增加顧客視覺體驗、將顧客注意力拉到商品上的重要方法。在室內設計中，可以適當採用黯淡的色彩，對店面整體進行低度照明，然後把投光燈的光線投射到商品上，這樣能夠很好地將顧客的目光吸引到商品上來。或者可以用深色的牆面作為淺色商品的背景，也可以在深色商品後面配以淺色背景作襯託，色彩的這種深淺對比能夠很好地突出商品。

2. 掌握適當的刺激強度

為了吸引顧客，很多店面都會用霓虹燈、廣告招牌、電視播放等元素來增加對顧客的刺激程度。但需要注意的是，刺激強度一定要適當，若是超過了一定限度反而會適得其反。

例如設計的招牌越多，每塊招牌被消費者注意到的可能性就會越小。從一個招牌增加到兩個招牌時，第一個招牌被注意的可能性會減少一半，

而增加到了 15 塊時，任何一塊招牌被注意到的可能性都將遠遠低於 1/15。

實驗結果顯示，人們的視覺注意範圍一般都不會超過 7，例如在短時間內輪番播放數字，一般人大約只能注意到 6 個數字。這個結果告訴我們，在劃分空間、設定櫃臺組數、設計商業標誌數量等內容時，並不是數量越多越好，只有掌握適當的刺激程度才能造成較好的效果。

店鋪視覺體驗效果圖如圖 6-4 所示。

圖 6-4 店鋪視覺體驗效果

大型店鋪設計特色

在流行趨勢的演變之下，大型店鋪的裝潢設計也在加快更新步伐。早期大型店鋪裝修一次可能要持續用上 10 年、20 年，而到 1980 年代左右，每 5 至 7 年就要重新設計一次，到近幾年，店鋪裝潢設計越來越多地採用了漸進式的做法，商品陳列架持續性地進行重新裝潢工程。

店面設計一般有以下原則和特點。

1. 色彩是店面的主要靈魂，極簡主義風格已功成身退

流行多年的極簡主義風格已經被取代，如今的店面設計更講求場地寬闊、色彩鮮亮，而且更注重休閒空間與動態設施的規劃，與此同時，影像

螢幕、海報、雜誌等休閒娛樂設施也充斥其中。無論是大牌名店，還是高檔店鋪都難以拒絕這股色彩風潮。

舉例來說，在巴黎名店街，聖奧諾雷市郊路（Rue du Faubourg Saint-Honoré），日本的一家 COMME des GARÇONS 便是以大紅作為店內裝潢的主要色調，色調非常豔麗；在香榭大道上，Morgan 旗艦店的天花板也採用了大紅色；Energie 的室內裝修採用了鮮紅色，並以粉紅和黃色作為搭配色。

2. 大型店面追求空間寬敞

現如今，以空間大為特色和號召力的大店鋪可以說比比皆是，例如 Forum des Halles 購物中心的 Mango，如圖 6-5 所示，巴黎奧斯曼大道區的 Citadium、東京的 Diesel、MiuMiu、Rivoli 大街的 Etam、塞納河左岸的 Kooka 等等。

圖 6-5 某大型生活主題超市設計效果

空間寬敞不僅表現在店面實際面積求大方面，還要運用各種空間規劃，讓顧客感受到強烈的空間寬敞之感。例如 Citadium 在其寬闊的入口空間處設定了兩組透明扶梯，透過透明扶梯能看到內部零件；Kooka、

Mango 等店面的衣服陳列很寬鬆，注重顧客在店面走動時的寬敞自在感。當然了，這種空間風潮雖然能夠增加顧客體驗感，但店鋪的每平方公尺獲利率就會打折扣。

3. 舒適的購物環境

舒適休閒的家具設施，也是眾多大型店鋪在進行店面設計時非常注重的一個元素。例如紐約 SOHO 區的 Kenzo 等。另外，Kiabi 雖然還沒有在店面中央設定大型沙發，但是在試穿區設定了色彩柔和的舒適座椅，為提升消費者的舒適感加分不少。

4. 附屬設施越來越齊全

大型店鋪的附屬設施可謂越來越齊全了，例如服飾店已經不只是出售衣服的地方，用餐空間、咖啡館等附屬設施已被越來越多地運用到其中。

例如，Etam 在 ruedeRivoli 的旗艦店，不僅大膽引入了 FLO 高階餐飲連鎖，還將美髮中心開設其中；戶外休閒服飾店 Andaska 在其巴黎東區的店面內開設書店；高階童裝店 Mon plus beau souvenir 不僅給孩子們設計完善的兒童遊戲空間，還在週三、週六固定時間規劃了兒童文藝坊活動。

5. 大量採用影像

店面設計中對各種影像的運用越來越多，店內或櫥窗的布置從簡單的海報到越來越複雜的動態影像螢幕，可謂形式眾多，而如何搭配、用量多少等問題，還要看各店面自己的主張。

以 L'Eclaireur Homme 設計師名店為例，它將一大面牆壁作為影像展覽的區域，表現出了非常獨特的感性氣息，如圖 6-6 所示。

圖 6-6 巴黎城的潮流名店 L'Eclaireur Homme 店面設計效果

小店設計特點

　　小型店鋪的裝修費用一般有限，因此要在節約成本的前提下表現出設計特色。

1. 店鋪裡的燈光可以設計成可變化的，例如在天氣比較冷時可以打暖黃色的燈光，給顧客溫馨、溫暖之感；在天氣炎熱時可以打冰藍色的燈光，給人以清涼之感。

2. 在大多數零售店鋪裡一般都有用以展示效果的鏡子，在鏡子頂部應該打上較強的略帶黃色調的燈光，這樣使顧客顯得更加優雅、漂亮。

3. 在模特兒兒身上或者顯眼位置展示最棒的產品，以吸引顧客走進店鋪。

4. 店裡擺設的花籃、毛絨玩具等裝飾品，最好放在顧客能夠觸摸到的地方，這會讓顧客感覺更隨性、溫馨、自然。

5. 在商品陳列時，要將暖色調與暖色調搭配，把冷色調和冷色調放在一起，這樣店裡的氛圍會顯得更加舒適、和諧。

━━ 店內陳列：
科學的陳列技巧，加深顧客對店鋪的印象

　　店鋪陳列是指運用一定的方法和技巧，藉助一定的道具，將商品有規律地集中展示給顧客，以促進商品銷售，提升品牌形象，是店家提高銷售效率的重要手段，也是銷售終端的一種廣告形式，一般分為櫥窗陳列與賣場陳列。

▎櫥窗陳列

　　櫥窗在店鋪陳列中起著非常重要的展示作用，它是店鋪形象和品牌形象的展出視窗，就像店鋪的眼睛。好的櫥窗設計，是吸引顧客入店的主要因素，更是品牌的無聲廣告。正因為它的重要地位，所以店家在布置櫥窗陳列時，要考慮到色系、風格、主題等各方面的統一。

　　櫥窗中要展示當季暢銷的、主打的、最能展現品牌形象的產品，色彩搭配要生動協調，陳列的商品要相互關聯，構圖整體統一，如圖 6-7 所示。

圖 6-7 櫥窗陳列效果

根據不同的季節和主題，櫥窗陳列的商品和道具可以進行適時調節，例如寒冷的季節盡量使用暖色調的道具搭配，烘托出溫暖、溫馨的氛圍；在炎熱的季節使用冷色調的相互組合，讓人感覺清新涼爽；每逢節日期間，使用明快的色彩進行搭配。

櫥窗搭配還應該充分考慮到陳列物品的大小、形狀、質感等因素，以進行合理的空間安排，例如春夏季節櫥窗安排應該少而精，以展現清爽和簡潔，秋冬季節則應該安排多一些的展示，從而表現出厚重和豐富。

櫥窗陳列還要搭配柔和的燈光，更好地營造陳列的氣氛。在服裝店鋪，還可以給櫥窗內的模特兒搭配一些風格匹配的飾品，例如皮包、鞋子、假髮、帽子等，使之更加完整而生動。櫥窗的陳列可以考慮情景化，櫥窗中的模特兒還可以擺出抽象化的造型，表現出不一樣的風格。

▍賣場陳列

賣場陳列決定了消費者對商品的第一印象，直接影響到商品的銷售情況。賣場陳列的重點是強調產品購買的便利性和關注性，只要能提高商品銷量或者提高品牌形象的陳列就是好的賣場陳列。一般來說，賣場陳列包括以下幾個要素，如圖 6-8 所示。

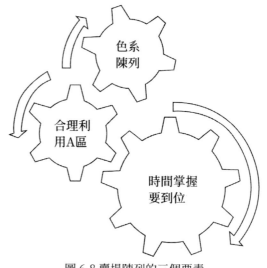

圖 6-8 賣場陳列的三個要素

Part6
為顧客創造極佳的購物體驗是零售的經營核心

1. 色系陳列

　　色彩是賣場陳列的第一要素，整體的色彩表現會給人第一感官印象。不同的色彩組合能帶給人不同的心理感受，運用得當可以刺激消費者的購買欲望，而雜亂無章的色彩排列會降低商品的銷售。要正確地使用色系陳列來吸引消費者，賣場需要按照色彩的基本規律來進行組合變化，靈活運用。

　　在色系陳列中，既要做到協調、和諧，還應該同時富有層次感和節奏感，注意冷暖色調的搭配，喚醒顧客購買的慾望。例如運用類似色調的搭配就會產生柔和、溫馨、和諧的感覺，運用對比色的搭配則會產生強烈的視覺衝擊力，製造出興奮和刺激的感覺，如圖 6-9 所示。

圖 6-9 賣場色系陳列效果

2. 合理利用 A 區

　　A 區也叫精華區，是消費者進入賣場之後首先看到或者最容易走到的區域。這個區域應該陳列當季暢銷款、流行款、新品、主推款或形象款，以促進這些主打產品的銷售。但是 A 區陳列的商品不宜定價太高，應該選擇主流消費族群能接受的價位的商品。

3. 時間把握要到位

不同消費族群的生活習慣不同，光顧賣場的時間段通常也不同，賣場的商品陳列應該隨之改變，根據不同時間段的不同顧客群體來調整賣場的主要陳列。

例如，某個服裝賣場週一到週五上午接待的顧客大部分是家庭主婦，這段時間裡賣場可以把一些價格偏高、款式獨特的衣服陳列在 A 區；從週五下午一直到週日晚上，進入賣場的顧客多是上班女性，那麼賣場在這段時間應該主推價格適中的職業範裝束。

總之，賣場陳列的原則是方便消費者進行選購，應當處處以顧客為重，讓商品易看、易摸、易選。

▌商品貨位類型

具體的商品陳列應該遵照兩個基本原則：一是主次分明，美觀大方；二是擺放合理，方便顧客挑選和員工服務。

根據擺放商品的不同類別，商品貨位可以分為民生用品類貨位、選購商品類貨位和特殊商品類貨位，如圖 6-10 所示。

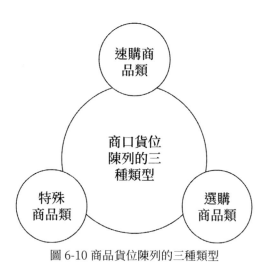

圖 6-10 商品貨位陳列的三種類型

Part6
為顧客創造極佳的購物體驗是零售的經營核心

1. 快速消費商品

快速消費商品（Fast-Moving Consumer Goods，簡稱 FMCG）也叫快消商品，一般來說，這類商品都是日常用品，價格低，消耗快，因而購買量大、交易頻繁。顧客在購買此類商品時，只求方便、快速，對具體的商品品質、外觀包裝等要求不高，因而這類商品應該擺放在顯眼的地方，方便顧客拿取。

2. 選購類商品

選購類商品一般不是生活必需品，而且使用週期較長，顧客的需求彈性很大，因而這類商品普遍價格較高，交易也不頻繁，交易量小。顧客在購買此類商品時都會仔細地挑選，考慮價格、工藝、效能、售後服務等諸多因素，因而賣場應該將這類商品陳列在場地寬闊、光照充足的區域，以方便顧客仔細挑選。

3. 特殊類商品

特殊類型的商品多為價格昂貴的奢侈品或者鑑賞品，交易量非常小，只有喜歡又承擔得起高價的顧客才會購買。在購買這類商品時，顧客會反覆比較，精心挑選，因而這類商品應該放置在環境優雅、人流不多的位置。

具體地說，要想讓店內商品陳列吸引顧客注意，首先要做到醒目，第一時間抓住顧客的目光；其次要豐富，最好具備全套的產品，多個系列，可以滿足顧客不同的需求；要信任顧客，讓顧客多體驗、試用產品，讓顧客在熟悉的過程中產生更多的好感；要便於交流，方便賣場員工和顧客進行交流。

　　商品陳列還要根據不同的情況作出適當的調整，例如季節變化、節慶來臨、品牌推廣等時期，賣場要及時調整櫥窗與賣場內的商品陳列，這樣不止應時應景，還能製造出新奇的感覺。另外，還有一個基本的要求，就是陳列的商品必須時刻保持清潔，否則會讓顧客留下商品滯銷的不良印象。

　　將商品按色系陳列看起來會很舒服，但是需要注意一些禁忌：

★ 避免將類似款式的商品放在一起。

★ 陳列的商品應該拆除包裝，乾淨整潔。

★ 小配飾 Logo 的圖案應該正面朝向顧客。

★ 商品豐富，規格齊全。

★ 展示的商品應當熨燙平整。

★ 吊牌不要外露。

★ 衣架朝向要一致。

★ 側掛的最後一件應該正面朝向顧客。

★ 店鋪所有當季貨品應該在賣場占據主要的位置。

★ 時刻保持賣場內所有物品乾淨清潔。

★ 宣傳品準確到位。

—— 店內氣氛：
營造積極的消費氛圍，提高顧客購買率

商店內的氣氛也是一種行銷工具。經營者透過對商店內部空間的構造，包括商品與貨架的擺放、背景顏色、燈光和音樂的設定等方面，營造出一種良好、舒適的購物氛圍，從情感、心理上對消費者產生影響，最終刺激消費者的購物慾望。

消費者走進一家店，就會感受到這家店的環境和氣氛，接下來在店內進行的所有活動和情緒，例如購物時的情緒、購物慾望、會在店裡待多久、下次還會不會過來等，都會受到這種感受的影響。尤其是在大型購物商場，店內氣氛對顧客的影響就更大了，很多超市、百貨店的生活日用品的銷售在相當程度上也取決於店內行銷刺激。

因此，經營者要重視店內氣氛的營造，透過對消費者喜好的研究，結合企業自身的特點，布置和美化店內環境，盡力營造出一種令人愉悅的購物氛圍，從而影響店內消費者的感受，進而刺激到消費者的購物慾望，達到刺激消費的效果。

消費者進店之前，經營者可以透過漂亮的櫥窗展示和大範圍的廣告宣傳來吸引消費者走進商店。消費者進入商店以後，店家就要依靠店內氣氛促使消費者消費。可以說，店內氣氛對消費者的購物行為起著不可忽視的推動作用。

店內氣氛之所以能對消費者產生如此大的影響，是因為消費者的購買行為通常是非理性的，很多時候的購買行為是受到外界環境的誘導而產生

的，即便消費者之前有明確的購買目標，這個目標也很容易在不知不覺中被改變。

如今，降價打折、滿額贈等促銷手段已經難以吸引消費者的興趣，在這個背景下，利用不同的店內設計營造不同的行銷氛圍，從而刺激消費者產生購物慾望，促使消費者完成購物決策，成為店家增加銷售的可行之法。

店內氣氛的營造依靠店內環境的設計，最終目的是刺激消費者購物，因而店內環境的設計要以消費者的感受為中心。店內環境的設計是一項系統工程，包括店內的環境色彩、燈光、背景音樂、環境氣味、商品展示以及擁擠程度等多個方面。

▌環境色彩

環境色彩在烘托賣場氣氛中起著重要作用。透過對不同色彩的運用，經營者可以將商店布置成一個親切、和諧、舒適的購物空間，成功的色彩設計可以在第一時間內吸引消費者的目光，也可以給顧客留下深刻而良好的印象，引導消費者下一次的到來。店內色彩搭配得當，不僅可以激發消費的購物慾望，還可以讓消費者感受到視覺的震撼，同時影響到消費者在店內的情緒。

不同的色彩搭配會對消費者產生不同的影響，引起消費者不同的心理感受。例如紅色會給人興奮、快樂的感受，藍色給人寧靜、清潔、理智的感覺……經營者可根據自己經營內容的特點來選擇不同的色彩。咖啡店環境色彩效果如圖 6-11 所示。

圖 6-11 咖啡店環境色彩效果

　　色彩的搭配通常以一種色彩為主色調，再選用其他色彩進行科學的搭配，牆壁、地面、貨架、陳列道具以及在售的商品之間的色彩搭配都要和諧、合理，通常情況下，可以選擇沉靜的冷色作為背景色彩，熱情的暖色作為主色。

　　經營者在搭配店內色彩時，不僅要注重目標顧客的特點，還要考慮到季節、商品特性等因素。例如，以兒童為目標顧客的連鎖速食品牌麥當勞，它的店內色彩布置就是以暖色為主，營造出活躍、溫暖、熱烈的氛圍，這就是為了吸引兒童、青少年而設計的。

▌店內燈光

　　跟色彩一樣，燈光也是賣場氛圍設計的重要工具。店內燈光設計得當，能夠使整個賣場的價值得到大幅提升，同時還能夠改變賣場的空間感，賦予空間個性。燈光在一定程度上展現了店家對銷售主體的訴求，也是店家向顧客傳遞商品資訊的媒介。

　　一般情況下，賣場內的燈光有三個作用，其一是整個店鋪的基礎照明，由嵌入式燈和吸頂燈來完成；其二是針對主打商品的重點照明，常用射燈和壁燈來實現；其三為裝飾性的照明，是烘托賣場氛圍的主要手段，透過渲染五彩斑斕的氣氛與視覺效果，增強產品的吸引力與感染力，刺激消費者購買。

　　不同的光線運用能營造出不同的環境氛圍，店內燈光的設計不僅要合理搭配照明和裝飾光源，還要與色彩的設計搭配得當，二者相得益彰，增強對消費者的感官刺激，更好地渲染店內氣氛，不僅可以快速吸引到消費者的注意，還能留住消費者，使其樂於流連，從而達到刺激消費的目的。

　　店內燈光布局有一些基本的規律可以遵循，例如遠光要強，近光要弱；遠光多色交融，近光少色和單色；遠光可多變多動，近光則少變少動。此外，燈光的亮度與顏色也會對消費者產生不同的心理影響，光線黯淡，賣場顯得沉悶，光線過強，又容易使顧客感到暈眩，只有燈光設計得恰當，才能營造出明亮、愉快的氣氛，使商品鮮明奪目，最終引起消費者的購買欲望。獨特鮮明的燈光設計已經成為一些店家特有的經營特色。某服裝店店內燈光效果如圖 6-12 所示。

圖 6-12 服裝店店內燈光效果

Part6
為顧客創造極佳的購物體驗是零售的經營核心

█ 背景音樂

商店內播放的背景音樂也是店內氣氛的重要組成，會對商品銷售造成很大的影響。77%的消費者偏愛在有背景音樂的環境中購物。播放背景音樂是營造店內氣氛常用的手段，這種方式操作簡單，而且運用得當的話會非常有效。

與燈光類似，背景音樂的運用如果不當，也會產生相反的效果。例如音量太高，就會使消費者心情煩亂，甚至會引發消費者的反感情緒；如果播放最新流行的歌曲，容易過多地吸引消費者的注意力，導致消費者投入在購物中的注意力被分散，雖然沒有引起消費者不好的情緒，但是會影響賣場的銷售。因此，經營者通常會選擇一些輕鬆柔和、優美動聽的樂器演奏來製造歡樂、輕鬆、悠閒的賣場氛圍，讓消費者心情舒適，流連忘返。

店內背景音樂的選擇，既要符合自身經營的特點，還要迎合目標顧客群的偏好，同時注意音量的設定、播放的頻率和模式，既不能影響到消費者的正常交流，也不能被周圍環境的噪音干擾，不能使消費者感到厭煩，也不能吸引消費者太多的注意，否則不但達不到預期的效果，還可能引發相反的後果。

█ 環境氣味

店內環境的氣味也會對消費者產生直接的影響，從而對最終的商品銷售產生促進或者遲滯現象（Hysteresis）。消費者走進一家店鋪，如果呼吸到混濁的空氣或者聞到令人不快的氣味，就會想要盡快離開這個環境，更不要說購買欲望了；如果店內什麼氣味也沒有，消費者也容易產生疲倦的

情緒，不會在這個環境過多停留；如果在店內聞到一絲清新怡人的氣味，將會使消費者感到精神愉悅，心情舒暢，就很願意在店內駐足，從而購買更多的商品。

因此，環境氣味也是店內行銷的構成部分。

▌商品展示

商品的展示是商品距離顧客最近的時刻，也是購買決策發生的地方。為了促進更多交易的發生，商品必須保持在最佳的陳列狀態。商品的陳列主要考慮兩個因素，首先是要方便消費行為，迎合消費者需求；其次要考慮店鋪的空間和裝置條件。經營者要在二者之間尋求最佳利益點，透過精巧的布置，實現商品的全方位展示，促使顧客產生購買欲望。

針對一些商品的獨特效能和特點進行現場展示，也是一種有效的行銷方式，例如服裝賣場聘請模特兒走秀，食品櫃檯邀請顧客試吃等，這些都可以強化消費者對商品的了解，也更容易使消費者接受並產生購買衝動。

通常情況下，經營者按照商品的類別或者某種主題將不同的商品分類陳列，例如服裝賣場裡襯衫放在襯衫專區，外套放在外套的貨架上，運動裝有單獨的展區，時裝展示有專門的時裝櫃檯。除了這些常規的陳列方式外，為了營造促銷氛圍，經營者還會採取一些非常規的陳列方式，例如利用平臺或者推車將很多商品堆積在一起，以表現出低價的氛圍。另外，很多高科技和藝術化的展示手段也越來越多地應用到商品展示上，以突顯商品的特殊品質。超市商品展示效果如圖 6-13 所示。

圖 6-13 超市商品展示效果

擁擠程度

　　店內的擁擠程度是店內氛圍的重要構成。例如每逢節假日，賣場內熙熙攘攘的人群就突顯了強烈的節日氛圍。店內的客流量大小和擁擠程度會對消費者產生直觀的影響，有的消費者喜歡在人氣旺盛的賣場購物，有些消費者更喜歡安靜寬敞的購物環境。有的消費者一旦感覺到商店擁擠，就會加快購物速度，匆匆買完急需物品就走，或者直接改變採買計畫，到別家去購物；也有些消費者就喜歡熱鬧的環境，越擁擠越愛逛，將店內的擁擠理解為商品受歡迎，對這些消費者來說，店內冷清反而會讓他們產生疑慮，懷疑店內商品不好而不會進店。

　　總之，店家在布置賣場時，要以顧客為中心，綜合考慮各種因素對顧客心理的影響，科學設計、精心安排，營造出溫馨的行銷氣氛，以刺激消費者的購買欲望，從而促進商品銷售。

▬【商業案例】雀巢咖啡（Nestle）：
雀巢為何總要把 Nespresso 店開在 LV 店旁邊

1867 年創辦的雀巢公司，是世界上最大的食品製造商。這家以生產速溶咖啡而聞名的公司，卻將其品牌形象定位成優雅的藝術。

2006 年，雀巢推出了高階咖啡品牌 Nespresso，在全球高階市場上掀起了一股咖啡熱潮，它已然成為時髦、高階咖啡甚至生活方式的代名詞。走進 Nespresso 店裡，新鮮的烘焙咖啡的濃郁香味撲鼻而來，彩虹般繽紛絢麗的彩色膠囊吸引著顧客的目光，限量版的咖啡杯、杯盤、膠囊盛放器和旅行套裝擺放得錯落有致，端起一杯從 Nespresso 咖啡機裡流出的 GrandCru 精選咖啡，芳香醇美的口感帶來無與倫比的咖啡體驗。這時你會不由自主地感嘆，生活原來是唯美的。

Nespresso 不僅是一家販售咖啡機和膠囊咖啡的商店，它同時還是一間優雅的咖啡吧，一個精品咖啡概念，一個提升品牌形象的工具，這一點，從它的選址上就能很明顯地表現出來。作為咖啡品牌，Nespresso 從來不與餐飲為伍，它永遠開在頂級購物中心，與頂級奢侈品品牌比鄰，例如路易威登（LV）和香奈兒（Chanel）。

除了頗具藝術感的店內氛圍和頂級品牌的選址，Nespresso 還曾邀請好萊塢影星喬治·克隆尼（George Clooney）為其代言。在 Nespresso 廣告片裡，Nespresso 咖啡機受到萬千女性的追捧，連英俊而性感的喬治·克隆尼也不能掠其鋒芒，淪為可有可無的陪襯。而手拿 Nespresso 咖啡的喬治溫情脈脈，出現在了各種高檔時尚雜誌中。

Part6
為顧客創造極佳的購物體驗是零售的經營核心

Nespresso 是一種生活態度。每天以一杯 Nespresso 咖啡開始,以 Nespresso 咖啡結束,成為很多人的生活習慣;一些頂級的餐廳、咖啡店也把 Nespresso 列為「好咖啡」的一項標準;有的航空公司採用 Nespresso 為頭等艙服務。

Nespresso 在全球的專賣店內擺放的物品,包括沙發、杯碟用具,甚至檯燈,都是在歐洲特定的加工廠統一訂購的。每一件物品都保持頂級的設計和製作工藝,所有的設計都來自於時尚界的傳奇設計師,所有的製作過程也只在全球頂級的工廠裡進行。例如咖啡機和配件的造型設計,就出自於鼎鼎大名的義大利 Alessi 公司之手。Nespresso 希望藉助這些頂級的物品為店面營造出高檔奢華的氛圍,以此烘托 Nespresso 的頂級品牌形象。

Nespresso 專賣店一定與奢侈品牌為鄰,這是 Nespresso 選址的基本原則。Nespresso 在紐約開設的第一家店位於遍布奢侈品牌的麥迪遜大道;在英國的第一家店位於戴安娜王妃最愛的 Beauchamp Place,在這條街上,遍布各種時尚餐廳和高檔時裝、珠寶店。

在 Nespresso 專賣店裡,從精緻的咖啡配件、限量版咖啡杯、旅行套裝、專用杯盤、膠囊盛放器,全部價格不菲。儘管如此,店內咖啡的定價卻十分親民,因為 Nespresso 專賣店的目的是盡可能讓 Nespresso 觸達更多的消費者,專賣店是品牌觸達顧客的最佳途徑。

Nespresso 公司自己負責咖啡產業的全程,從原料來源、產品研發到產品生產以及市場行銷。憑藉專利技術製成的熱封膠囊和利用高壓萃取系統的特製咖啡機,Nespresso 很快打入了高階消費市場。

這種膠囊是 Nespresso 的一大賣點,「在高壓下能萃取出研磨咖啡粉中蘊藏的新鮮」,當咖啡膠囊置入膠囊咖啡機時,膠囊的外包膜將被刺破,膠囊本身承受萃取時的壓力,讓內部的咖啡粉得以進行均勻充分的萃取。

【商業案例】雀巢咖啡（Nestle）：雀巢為何總要把 Nespresso 店開在 LV 店旁邊

在原料方面，Nespresso 一直保持極高的品質。Nespresso 在巴西、哥倫比亞、哥斯大黎加、瓜地馬拉等全世界最好的咖啡生產國尋找最優質的咖啡品種，選取只占咖啡總產量 10%的最優質咖啡豆，而且每一款咖啡的種植、收割和分揀都全程採用傳統手工技術，在這個過程中，又淘汰了一大部分，最後只取初選量 10%的咖啡豆投入咖啡的生產。

雖然在原料選擇和生產技術方面，Nespresso 都做到了無可挑剔的高品質，但是最初市場給出的反應並不熱情，於是 Nespresso 開始在產品行銷環節找原因。當時 Nespresso 在購物中心和電器店銷售咖啡機，之後透過電話或者網路向這些顧客推薦咖啡膠囊，但是一段時間下來銷量並沒有明顯的成長。

也許在人們的印象裡雀巢咖啡一直是物美價廉的代表，所以對這種高品質的新產品不願意買帳。2001 年，Nespresso 決定讓產品直接面向顧客，讓顧客更直觀地了解這個品牌，於是在巴黎名店街開設了世界第一家 Nespresso 精品店，這家被奢侈品牌環繞的店果然引起了消費者的興趣，隨後順理成章地進入了歐洲市場。

2007 年底，Nespresso 在巴黎香榭麗舍大道開設了一家豪華旗艦店，在這個 1,500 平方公尺的獨立建築裡，陳列著 Nespresso 所有型號的咖啡機、各種配件和膠囊咖啡，還有來自中國、日本、法國等國家的服務人員，為不同國家的顧客提供無障礙溝通的服務。

到 2008 年，Nespresso 在歐洲已經成為了家喻戶曉的品牌，尤其在瑞士和法國，每兩個家庭就至少擁有一臺 Nespresso 咖啡機，並且長期購買 Nespresso 膠囊咖啡。2010 年，該品牌已在全球開設有 215 家精品店，並在當年創下了 32.2 億瑞士法郎的全球營業額。

Part7

財務控制與管理：

完善資源配置，實現企業資本最大化

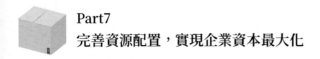
—— 讀懂三張財務報表：
資產負債表＋現金流量表＋利潤表

一般情況下，企業的會計報表主要包括資產負債表、現金流量表和利潤表，這三張表能夠綜合反映企業某一時期或某一時間節點的財務狀況、經營成果和現金流量，是經營者、投資者和債權人等做出經營管理決策和投資決策的重要依據。因此，在市場經濟條件下，能夠看懂這三張會計報表具有至關重要的作用。

▌怎樣看懂資產負債表？

資產負債表（the Balance Sheet），又叫財務狀況表，反映的是企業在特定日期（例如某一月末、某一年末）的財務狀況（資產、負債以及所有者權益情況的主要會計報表），基本結構為：資產＝負債＋所有者權益。

其中，公式的左側「資產」指的是企業所擁有的全部資源，一般是按各種資產變化先後順序逐一列在表的左方；公式的右側反映的則是資產的具體來源，包括債權人的投入和所有者的投入等，負債一般列於右上方分別反映各種長期和短期負債的專案，業主權益列在右下方。按照會計平衡原則，左右兩方的數額相等。因此，當你拿到一張公司的資產負債表的時候，其資產的分布狀態、負債和所有者權益的構成情況便能夠清楚地呈現在你的眼前，你可以據此了解公司短期以及長期的債務數量及償債能力，

分析公司的流動性或變現能力，並對其財務結構、資金營運能力和承擔風險的能力進行評價，如表 7-1 所示。

表 7-1 某零售企業資產負債表

資產負債表

編制單位：×× 有限公司　　　　　　　× 年 × 月 × 日　　　　　　　單位 / 元

資產	行次	期末餘額	年初餘動	負債和所有者權益（或股東權益）	行次	期末餘額	年初餘動
流動資產：				流動負債：			
貨幣資金	1			短期借款	32		
交易性金融資產	2			交易性金融負債	33		
應收票據	3			應收票據	34		
應收帳款	4			應收帳款	35		
預付款項	5			預付款項	36		
應收利息	6			應付職工薪酬	37		
應收股利	7			應交稅費	38		
其他應收款	8			應付利息	39		
存貨	9			應付股利	40		
其中：消耗性生物資產				其他應付款	41		
一年內到期的非流動資產	10			一年內到期的非流動負債	42		
其他流動資產	11			其他流動負債	43		
流動資產合計	12			流動負債合計	44		
非流動性資產				非流動負債：			
持有至到期投資	13			應付債券	46		

Part7
完善資源配置，實現企業資本最大化

資產負債表

會企 01 表

編制單位：×× 有限公司				×年×月×日			單位/元
資產	行次	期末餘額	年初餘動	負債和所有者權益（或股東權益）	行次	期末餘額	年初餘動
長期應收款	14			長期應付款	47		
長期股權投資	15			專項應付款	48		
投資性房地產	16			預計負債	49		
固定資產	17			遞延所得稅負債	50		
在建工程	18			其他非流動負債	51		
工程物流	19			非流動負債合計	52		
固定資產清理	20			負債合計	53		
生產性生物資產	21			所有者權益（或股東權益）：	54		
油氣資產	22			實收資本（或股本）	55		
無形資產	23			資本公積	56		
開發支出	24			減：庫存股			
商管	25			盈餘公積	57		
長期待攤費用	26/27			未分配利潤	58		
遞延所得稅資產	28			所有者權益（或股東權益）合計	59		
其他非流動資產	29						
非流動資產合計	30						
資產總計	31			負債和所有者權益（或股東權益）總計	60		

1. 資產及其構成分析

　　企業的資產可以劃分為流動資產和非流動資產，而非流動資產根據形態的不同又可以被劃分為長期投資、固定資產和無形資產等，如圖 7-1 所示。

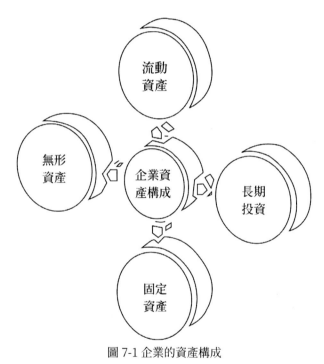

圖 7-1 企業的資產構成

★流動資產

　　企業的流動資產主要為應收帳款和存貨。對企業流動資產的分析，具體包括對其貨幣資金、應收帳款、存貨的變化情況進行分析。透過分析企業的流動資產，可以衡量其變現能力和支付情況，如圖 7-2 所示。

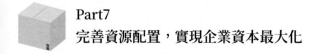

貨幣資金	·關注現金管理及票據管理制度，財務每天上報【現金日報表】
應收帳款	·團購、合約維修事故車等，財務提供【應收款清單】及責任人、責任制度等
存貨	·商品車數量及車型、車齡、備件結構，財務提供【庫存採購計畫表】

圖 7-2 流動資產的構成

★長期投資

長期投資一般指的是一年以上的投資。透過分析公司的長期投資情況，可以對其發展前景進行基本的預測。

★固定資產

企業的固定資產指的是實物形態的資產，對固定資產的分析除了可以了解企業的經營規模外，還可以了解在持續經營的條件下，企業各項固定資產尚未折舊、攤銷並預期於未來各期間陸續收回的情況。

在分析企業的各種財務報表，例如資產負債表、利潤表的時候，都不能忽略固定資產折舊、攤銷的合理性，因為少提折舊就會增加當期利潤，容易給企業的長期發展留下「陷阱」。

★無形資產

企業的無形資產主要包括其專利權、商譽、非專利技術、土地使用權、著作權、商標權等。對無形資產進行分析時，應該特別注意無形資產的攤銷期限和攤銷方法的合理性，了解其是否在規定期限內攤銷完畢。

2. 負債及其構成分析

企業的負債根據償還時間的不同可以分為流動負債和長期負債，如圖 7-3 所示。

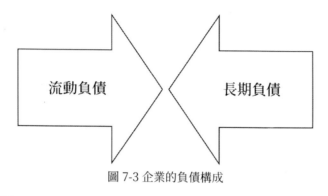

圖 7-3 企業的負債構成

★流動負債

對企業的流動負債進行分析的時候，要特別注意兩點：第一，是否所有的流動負債專案都已經在資產負債表當中展現出來了，有沒有遺漏；第二，各流動負債涉及的具體時間和原因是什麼，企業是否有能力在近期償還。

★長期負債

企業的長期負債一般包括長期借款、應付債券、長期應付款項等，由於不同負債種類的形態不同，因此分析的時候要結合具體的情況。

3. 所有者權益及其構成分析

所有者權益由 4 部分構成：股本、資本公積、盈餘公積和未分配利潤。對企業的所有者權益進行分析的時候，有兩個方面需要注意：

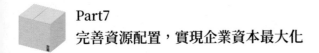

Part7
完善資源配置，實現企業資本最大化

1. 對股東權益中投入資本的不同形態、股權結構以及各要素的優先清償順序等進行基本的了解

2. 將利潤表與資產負債表結合起來進行分析，計算企業的資本利潤率和存貨周轉率，了解企業的盈利能力、盈利水準和營運能力。

怎樣看懂現金流量表？

企業的現金流量表中所指的「現金」涵義比較廣泛，既包括企業留存的現鈔，也包括企業的銀行存款、短期（3 個月以內）證券投資以及其他貨幣資金。現金流量是一定時期資金的增減變化量，現金流量表的作用主要以收入分配資金運動為核算對象。

透過分析現金流量表，可以了解企業現金流入和流出的具體資訊、現金流量淨增減情況以及企業的一切營運工作共涉及的現金收支活動，從而更好地把握變現和支付能力，並對企業長期的發展和生存能力進行一定的預測。

企業的現金流量主要來源於 5 個方面，如圖 7-4 所示。

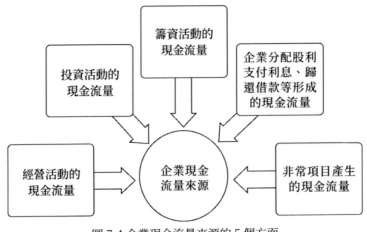

圖 7-4 企業現金流量來源的 5 個方面

★來自經營活動的現金流量

任何企業的生產經營活動都離不開一定的現金流入、現金流出和淨流量。產生現金流入的經營活動主要包括銷售商品、提供勞務等，而產生現金流出的經營活動有購買材料、員工薪資、繳納稅款等。

★來自投資活動的現金流量

涉及投資活動的現金流量主要指的是企業進行與證券投資、固定資產和無形資產等相關營運時所產生的現金收支活動。例如，當企業購買債券時會有現金流出，而轉讓固定資產則能形成現金流入。

★來自籌資活動的現金流量

指企業在進行吸收借款、發行債券等與籌集資金相關的活動時，所引起的現金收支活動及結果。

★企業分配股利、支付利息、歸還借款等形成的現金流量。
★非常專案產生的現金流量。

除了上述提到的四個方面，企業在營運的過程中也會產生一系列並非正常經營活動而引起的現金流量，例如，企業繳納罰款、企業對他人捐贈等。分析現金流量主要從三方面進行。

在了解企業的現金流量來源之後，如果要對企業的能力、長期穩定性以及未來的發展前景有更好的了解，則主要應該從以下三方面入手。

1. 分析現金淨流量的增減變化，了解企業短期償債能力

一般情況下，如果企業的現金淨流量呈增加的趨勢，表明企業的短期償債能力也在不斷增強；反之，表明企業的營運可能出現了困難。不過，

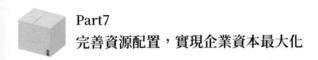

這並不意味著企業的現金淨流量越大越好，因為從長遠發展的角度來看，現金淨流量過大，有可能是因為企業對手頭的資金沒有進行充分利用。

2. 分析現金流入量的結構，了解企業生產經營的長期穩定性

企業的現金流入量主要包括三部分：經營活動產生的現金流入、投資活動產生的現金流入和籌資活動產生的現金流入。其中當經營活動產生的現金流入所占的比重比較大時，說明企業的主營業務營運良好，企業發展的穩定性強；相反，當投資活動與籌資活動現金流入所占的比重比較大時，說明企業的財務狀況有可能並不穩定。

3. 分析投資、籌資活動的現金流量，了解企業未來發展前景

與籌資活動不同，對企業的投資活動所產生的現金流量進行分析時，應該特別注意是對內投資還是對外投資。如果企業對內投資的現金流量增加，說明企業的無形資產或固定資產正在成長，企業處於經營擴張期，發展前景良好；如果企業對外投資的現金流量增加，說明企業正從外部引入資金以滿足生產經營的需要，意味著企業現有經營資金不足。當然，當企業對外投資的現金流出量大幅增加時，有可能是企業的富餘資金較多，除正常的生產經營外，還能透過轉讓資產使用權來獲取額外收益。

▌怎樣看懂利潤表？

利潤表主要反映的是一定時間內企業營運收入減去營運支出的淨收益，基本結構為：利潤＝收入－支出。透過分析利潤表，可以對企業的業績和管理狀況進行最直觀的評估。

企業的利潤表包括兩個方面的內容：一是企業的收入和支出狀況，據

此可以了解企業是實現了盈利還是發生了虧損，以此評估企業的營運和管理能力；二是企業的各項財務狀況，據此可以了解企業的利潤來源及其各自所占的比例。

另外，對利潤表的分析應該著重從以下兩方面入手。

1. 收入專案

企業的收入可以來源於多個方面，例如，產品和服務的營業收入獲取租金、利息等非營業收入。企業當期的收入包括本期發生的應收票據和應收帳款、上期預收帳款當期收訖現金等。不管來源於哪一方面，收入的增加都可以提高企業資產並減少負債。

2. 費用專案

對利潤表的分析，除了應該了解企業的收入以外，也應該準確地確認並扣除相關的費用，這些都直接關係到對企業盈利情況的衡量。

1. 確認費用是否貫徹了資本性支出、劃分收益性支出、權責發生制等原則，注意費用包含的內容是否適當。
2. 分析成本費用的結構與變動趨勢、各項費用在營業收入中所占的比例，查明不合理費用的原因。
3. 分析各項費用的增減變動趨勢，評價企業的財務狀況，預測企業的發展前景。

另外，企業的財務情況說明書能夠說明企業的稅金繳納情況、各項財產物資變動情況、應收帳款和存貨周轉情況、利潤實現和分配情況、生產經營狀況等，因此，對企業的利潤表進行分析時，應該結合企業的財務情況說明書一起進行。

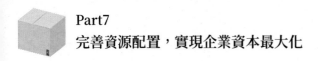
▌關注現金流量預測企業風險

上面提到的三張表雖然是從不同的側面反映企業的財務狀況，但相互之間的關係非常密切。

以利潤表和現金流量表為例，透過現金流量表能夠分析利潤表中企業盈利的真偽。因為透過暫不記呆帳、增減折舊等手段比較容易對利潤表上的利潤進行修改，但要想相應地將企業的營運狀況修改得天衣無縫並不容易。

有些公司在正式破產之前，企業利潤表上的利潤一直「良好」的案例並不少見，但仔細分析其現金流量被就會發現其經營現金流已經出現了嚴重的惡化。結合企業的現金流量表，不僅可以對企業的利潤狀況進行核實，而且有助於預測企業的營運風險。

因此，在以上提到的三張表中，現金流量表能夠將企業的財務狀況更加清晰和直觀的展現出來，當時間緊迫時，可以優先分析現金流量表。另外，透過分析一些主要的財務報表指標，也能夠比較快速了解企業的營運狀況。

▅▅ 財務基礎創新：
零售企業如何做好資金的管理與控制？

　　由於零售企業具有經營地點多、業務多、分類多、產品多、服務多等特點，因此其資金地點往往分布於各地，並且企業銀行帳戶眾多、資金流轉迅速。隨著網際網路技術的發展，零售企業的業務範圍逐漸擴大，而資金也將迅速延伸到企業的人力資源、服務、銷售、採購等與經營管理相關的每一個環節。因此，做好資金的管理與控制對零售企業的發展至關重要。

▌零售企業資金管理流程

　　一般情況下，資金遵循「籌集—投放—回收—分配」的過程而循環往復地進行，並在這個過程當中發揮作用，產生增值。因此，資金管理的各個環節在時間上是承前啟後的關係，每一環節都缺一不可，共同組成完整的資金活動鏈。

　　為了更加直觀地了解零售企業當中的資金管理流程，我們以某大型零售企業為例來進行說明。

　　這家企業成立於 1987 年，主要以家電零售為主，該企業的資金管理流程如下。

1. 資金收支計畫管理

如圖 7-5 所示。

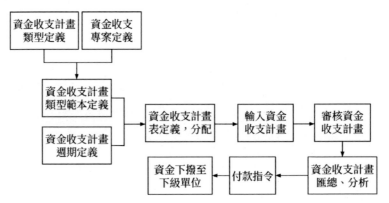

圖 7-5 某零售企業的資金收支計畫管理流程

資金收支計畫管理能夠輔助計畫的控制、執行和分析，進行資金管理和風險控制。但隨著該企業的發展和規模的擴大，舊有的管理模式由於對集權和分權的掌握不夠，不利於高度集中的管理系統的形成，使得預算和控制脫節，所以已經不適應公司管理的需求。

2. 資金結算管理

如圖 7-6 所示。

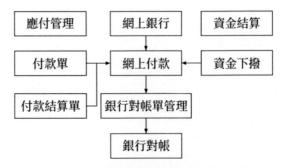

圖 7-6 某零售企業的資金結算管理核心流程

透過資金結算管理，能夠實現的應用目標如下：

★ 滿足企業多種資金帳戶體系的需求。

★ 支援單一結算中心和總分結算中心兩種不同的模式。

★ 提供內部結算單據輸入、結算憑證輸入、銀行原始單據輸入等不同的結算方法。

★ 提供多種結息處理方式、業務提醒和單據模板。

★ 提供控制審批許可權、調節結算帳戶管理分工等工作流控制方式。

★ 提供 ERP 介面功能，並對重要票據集流水帳進行全面的管理。

★ 提供資金集中監控功能和付款單位會計系統介面，查詢集團各下屬企業和帳戶的資金流動情況。

★ 將付款委託、網路支付與身分認證技術相結合，保證資金流動的安全性。

3. 信貸管理

如圖 7-7 所示。

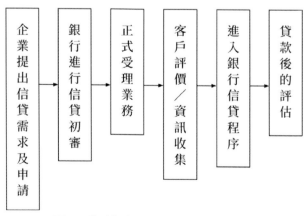

圖 7-7 某零售企業的信貸管理核心流程

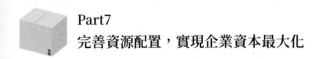

　　信貸管理主要是指根據櫃檯帳務系統和銀行信貸部門輸入的資料，對企業向銀行的借款、貸款進行管理，並對信貸資金進行分析。

4. 網路銀行管理

　　隨著資訊科技的發展，企業的資金和管理也已實現電子化。因此，在企業資金管理中，網路銀行管理的地位越加重要。

　　為了方便網路銀行管理，很多企業採取了「銀企互相聯合」的措施，即將企業的相關財務系統與銀行的網路銀行系統相連，使企業透過自己的財務系統就能夠享受銀行的帳戶查詢、轉帳支付等服務。另外，如果顧客有不同的需要，銀行還可以進行客製化系統定製。

▎零售企業現行資金管理中存在的問題

　　如圖 7-8 所示。

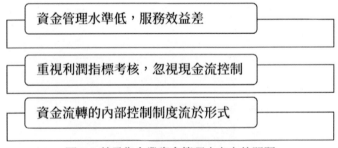

圖 7-8 某零售企業資金管理中存在的問題

1. 資金管理水準低，服務效益差

　　雖然幾乎每一個企業在營運過程中都會制定資金使用計畫，但由於銀行帳戶多等問題，大多數企業的計畫卻不能落實到位。有的企業甚至實際

的行動與計畫完全背道而馳，這樣不僅會影響企業資金的正常運轉，而且不利於企業的管理。

以我們上面提到的某大型連鎖零售企業為例。為了抓準時機擴大市場規模，企業便提高了向銀行借貸的金額，以用於購置裝置和增開門市，但對資金管理不嚴格。當申報自己的帳戶情況時，令企業負責人難以相信的是，企業竟然在不知不覺中開了 30 個帳戶，完全沒有遵循企業所制定的資金管理計畫。由於資金管理出了問題，當還完銀行的貸款之後，發現所剩的金額僅能維持企業運轉。

2. 重視利潤指標考核，忽視現金流控制

這是一個「現金為王」的時代，對企業的發展來說，現金流甚至比利潤更為重要，是企業生存發展的基礎。對於一家公司，尤其是一家已經上市的公司來說，如果其經營性現金流很低或者為負值的話，那麼說明公司的財政狀況不容樂觀，因為經營性現金流的水準能夠準確地反映公司創造價值的能力。

安隆（Enron，世界上最大的綜合性天然氣和電力公司之一）在破產之前，從表面來看，公司的發展依然很好，而且盈利的金額每年都有大幅度成長，但觀察其現金流量，就會發現已經連年呈現負值，所謂的「鉅額盈利」主要依靠出售企業的資金和對外界的投資等作假的手段。

我們上次所提到的這家零售企業，其主要管理模式為考核利潤指標，而忽視對現金流量執行狀況和資產專案完好性的評價，所以下屬單位很容易透過「可批性報告」或虛假報告來獲取資金，而實際的營運情況則完全是另一回事。在這樣的情況下，如果公司依然照此實行，就容易導致決策失誤，浪費大量資金。

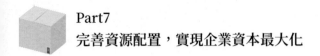

3. 資金流轉的內部控制制度流於形式

隨著產業競爭的加劇和相關技術的進步，越來越多的企業開始重視企業支出、成本和收益來源的及時追蹤和分析，希望將事前計劃、事中控制和事後核算結合，對企業資金流轉的全過程進行管理。

在該大型零售企業中，企業的管理者沒有對公司資金的正常流轉進行及時有力的監督，甚至企業的管理層有時往往先違反制度。因此，當企業面臨一些重大投資等問題時，資金的流向便會與控制脫節。有時，由於針對分公司資金投放使用的管理措施太少，作為上一層機構的總公司甚至對分公司的資金流動狀況不能及時掌握，增加了公司的財務風險。

▌零售企業進行資金管理與控制的辦法

1. 加強零售企業的資金管控、財務預算和資金結算

如圖 7-9 所示。

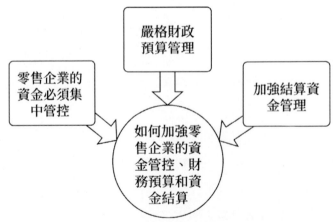

圖 7-9 零售企業加強資金管控、財務預算和資金結算的 3 個方面

★零售企業的資金必須集中管控

集中管控資金可以加快資金的回籠，一方面能夠確保企業的資金安全，另一方面可以使資金周轉速度更快，提高資金的使用效率。在具體實施過程中，企業需成立專門的資金管理中心，負責企業資金的籌集、使用和管理。

★嚴格財政預算管理

企業應執行全面預算管理，將一切經營活動均納入預算管理的範圍。預算的主要內容包括利潤預算、費用預算、成本預算、進貨預算、存貨預算和銷售預算。預算的編制應該以銷售預算為中心，並與其他預算專案密切配合。

★加強結算資金管理

結算資金管理應該是企業財務工作的中心環節。與其他產業相比，零售企業具有流量沉澱多、閒置時間短、流量大等特點，因此，零售企業的財務部門應該對資金進行更加科學合理的排程，以提高資金的運轉效率。

2. 推行委派制度和內部審計制度，強化財務監督

與資金流轉相關的資訊傳遞是否及時、準確，關係到企業是否能夠良好運轉，因此，企業中與財務工作有關的人員應該統一由管理部門委派，並定期考核，同時還應加強對財務工作的管理和監督。

3. 結合資訊科技，確保電子結算系統的安全與穩定

隨著資訊科技的發展，為了更好地對企業的資金進行管理和控制，零售企業應該建立自己的電子結算系統和資金預算管理系統，實現網路化結算，促進資金的集中管理，提高公司管理資金和抵禦風險的能力。

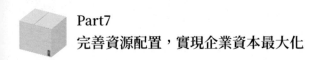
必備財務技能：
零售企業如何有效掌控和分配現金流？

零售企業現金流管理存在的問題

經濟的快速發展在給零售產業帶來巨大機遇的同時，也讓很多看似營運良好的企業屢屢由於資金周轉問題而崩潰。現金流是決定企業存亡的根本，相關的統計資料顯示，在歐美、日本等發達國家，破產的公司當中約有 80% 單從財務方面分析完全屬於能夠盈利的公司，而它們破產的原因正是現金不足。

企業的現金流是企業資本的貨幣表現形式，之所以要管理現金流就是為了讓企業獲得更多的價值。因此，企業現金流的管理應該是持續的價值創造，具體則應該實現企業現金流的效能性、持續性、靈活性、流動性、安全性等。

在激烈的市場競爭中，零售企業經常容易出現的問題便是資金的缺乏和資金鍊的斷裂。而零售企業解決這個問題的途徑經常僅限於兩種，融資，或者賣掉企業，但融資過程中經常容易出現以下問題，如圖 7-10 所示。

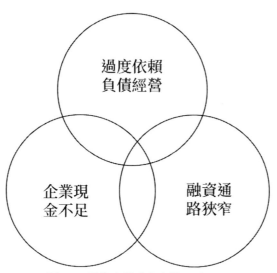

圖 7-10 零售企業融資中的三點問題

1. 過度依賴負債經營

　　零售企業之所以如此容易出現嚴重的資金問題，主要的原因便是企業為了加快發展，過於依賴負債經營，而這就使零售企業不可避免地面臨資金鍊斷裂的風險，進入一個「資金缺乏－業務規模縮小－盈利降低－資金更加缺乏」的惡性循環。

2. 融資通路狹窄

　　一方面，由於零售企業的業態特點和缺乏相關的應對機制等原因，使得零售企業在出現資金問題時往往沒有可用於抵押的固定資產，所以貸款的難度大；另一方面，零售企業難以獲得長期債務的支持，缺乏權益資金。所以，零售企業在籌集資金的過程中籌集速度慢且成本高。

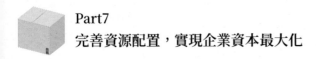
3. 企業現金不足

零售企業的營運週期比較長，在這個過程中會有大量的現金流被平白消耗。企業要想獲得良性的營運，必須要有大量可支配的現金，做企業有能力擴大生產和銷售規模，有能力提升盈利和經營規模。

零售企業之所以在現金流管理中存在如此之多的問題，主要有以下原因。

零售產業雖然已經經歷了較長時間的發展，但企業的現金流管理起步晚且發展緩慢。隨著行動網路時代的到來，越來越多的企業推出全通路零售策略，現有的現金流管理已經無法適應企業長遠發展的要求。

★對現金流管理缺乏正確的認識

一般來說，企業都會有現金流量表，這能為企業的現金流管理造成非常好的指導作用，但零售企業在實際營運的過程中並不能讓現金流量表得到有效的實施。

★缺乏健全的監督管理機制

在現金流管理過程中，離不開監督機制的保障作用，但零售企業大多缺乏監督管理機制，或者不能發揮其作用。

★企業現金流管理人員綜合素養低

這主要展現在兩個方面：一是思想覺悟低，認識不到現金流管理對企業發展的重要性；二是缺乏相關的專業知識，與國外先進零售企業的管理存在很大差距。

受零售產業的性質和特點所局限。例如，經營品類廣，核算難度大；經營地區分散，管理難度大；經營站點多，稅價協調難度大等。

完善零售企業現金流管理的對策

如圖 7-11 所示。

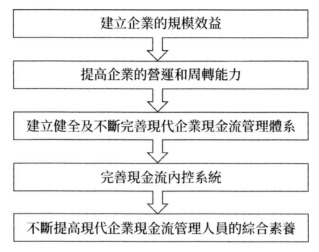

圖 7-11 零售企業現金流管理的 5 項內容

1. 建立企業的規模效益

擴大經營規模，有利於提高零售企業的規模效益。經營規模的擴大，一方面意味著與廠商協商的砝碼更重；另一方面，也有利於建立自己的配送中心，方便對商品進行保管、包裝、整理和挑選等工作，進而樹立自己的品牌。

2. 提高企業的營運和周轉能力

企業要想具有競爭優勢，就應該提高經營效率，對資金的周轉情況進行仔細的分析。企業資金周轉的具體情況可以透過流動資產周轉率、總資產周轉率、應付帳款周轉率、存貨周轉率等指標反映。資金周轉的具體情況影響企業的生產水準、銷售品質以及財務構成狀況等。

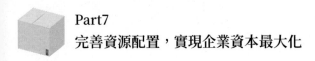
3. 建立健全及不斷完善現代企業現金流管理體系

健全的現代企業現金流管理體系，需要建立有效的監督機制，增加現金流監督管理的力度，並展現到企業財務管理的具體工作中。

4. 完善現金流內控系統

企業的現金流與組成企業價值鏈的資訊流、實物流和工作流是同步的，要想對企業的現金流進行合理的完善，就需要建立完善的現金流內控系統。這樣，資訊流、實物流、工作流和現金流才能夠協調統一。

現金流的內控主要涉及管理控制、監督、會計與核算控制、人員控制、職責劃分、實物控制、授權等。而對現金流的管理應該實行接觸性儲值，即只有經過授權的人員才能夠接觸企業的現金，並且應該對現金進行定期或不定期的盤點，保證權責清晰、帳實相符。

5. 不斷提高現代企業現金流管理人員的綜合素養

企業現金流管理人員的綜合素養包括高水準的思想覺悟、熟練的管理技能和專業知識。企業應該對相關的人員進行相關的培訓，以保證企業的現金流能成為企業長遠發展的堅強後盾。

▆▆ 保障月月有餘：
保證企業現金流通暢，做好細節見效益

隨著網際網路技術的發展，零售產業的業態也發生了很大的變化，從過去一個門市或一家工廠的方式，成長為更加多元化、多通路的經營，而零售企業的財務方面也就具有資金管理的安全難度大、會計核算難度大、財務管理控制難度大、稅價管理協調難度大等特點。

對於任何性質的企業來說，資金安全都是財務管理的重點，而零售企業的特點則決定了資金安全既是重點也是難點。在零售企業的營運和管理過程中，為了保證企業的資金安排和收益的最大化，就需要在財務管理中做到以資金安全為核心，以現金流為導向，針對性地實行責任制度、資金有償使用、收支兩條線方案。

▌規範流程，強化現金流入管理

對於零售企業而言，主要的現金流入是商品售出的回款，這個過程就是商品到資金的轉化過程，零售企業要想保證這一過程有條不紊地執行，並擴大企業的再生產獲得更多的利潤，就應該得到及時足額的現金流入。相反，如果企業的現金淨流入為負數，或無法得到足夠的現金流入，即使帳面上的利潤再多，企業也會面臨巨大的財務風險。

透過多年對零售企業財務領域的調查和研究，我認為企業現金流的管理首先應該展現在制度和機制上，如圖 7-12 所示。

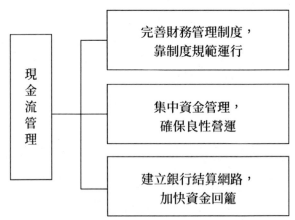

圖 7-12 現金流管理的三點內容

1. 完善財務管理制度，靠制度規範執行

制度是企業存在和發展的基石，而財務制度是企業處理財務問題必須遵循的規範和標準。

首先，零售企業的財務制度必須遵循國家的有關法律和法規。

其次，財務制度的相關內容必須明確清晰，使得企業有規範可依。例如資金流出的管理許可權、有關資金問題處理許可權和職責等。

再次，對資金流入的方式進行詳細的規定和界定。例如：資金使用部門的業務、責任和權力；貨幣資金的結算方式、具體流程以及相關責任人的職責；資金流入的授信範圍、權利和責任；與資金使用和審批相關人員的評價和獎懲等。

最後，為配合財務制度，企業所制定的辦法應該圍繞現金流設定。

2. 集中資金管理，確保良性營運

零售企業分支龐雜，尤其是進入行動網路時代以後，越來越多的零售企業開始拓展全通路經營，這增大了資金管理的難度。

為了保證企業正常運轉，就應該減少和控制各分公司資金支出的隨意性。在不影響企業正常經營的前提下，各經營分公司的資金管理業務，最好統一歸入總公司的財務部門進行集中管理。同時，為了讓各分公司保證良好的運轉，企業可以允許其設有一部分可供自由支配的預算資金。

3. 建立銀行結算網絡，加快資金回籠

零售企業的經營站點往往較多，各站點經常會獨立設定一個銀行帳戶，時間一長，獨立帳戶的金額累積量便比較龐大，而企業總帳戶恰恰缺乏周轉和營運的資金。

因此，為了更好地在行動網路時代展現企業的競爭優勢，企業應該充分利用銀行的結算網路，建立由總部和各分公司綜合的銀行網路，由總部根據企業的基本情況，為各分支經營機構設立最高存款限額，當分公司的存款金額超過限額後，系統便會及時將資金轉入總部，保證資金及時回歸和企業整體的良好運轉。

▌責任監督，強化現金流出的管理

對於任何企業來說，有投入才能夠有產出。零售企業資金流轉的完整過程應該是：G（貨幣）—W（商品）—G'（增值的貨幣）。G' 是商品售出後得到的現金，是現金的流入；G 是現金的流出。

1. 採購資金的管理

採購資金是企業現金流出的主要組成部分，對企業的資金安全造成至關重要的作用。企業對採購資金應該實行責任追蹤制，即遵循「誰經辦、誰批准、誰清理」的原則執行，與資金使用相關的公司主要負責人、財務主管、財務總監等都應該對資金的使用負責，實行責任連帶。

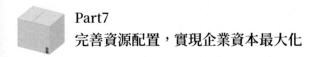

2. 存貨資金的管理

很多零售企業都存在這樣的現象：經營和策略由行政經理負責，財務和核算由財務經理主管，但與企業營運密切相關的庫存管理卻經常被忽視。庫存管理是企業採購和經營過程中的重要環節，因此，必須明確庫存管理的責任機制。

3. 經營性支出的管理

★科學編制預算，增強預算的有效性

企業的預算管理必須落實到企業經營的各項活動中：

1. 可以根據本期經營目標，增加預算的激勵性。
2. 可以分類編制預算，增強預算的可執行性。
3. 確定預算的詳細內容和格式，例如，債權債務預算明細表、現金流量預算明細表、費用預算明細表、利潤預算明細表等。

★堅定預算控制，增強預算的嚴肅性

4. 工程專案資金的管理

★從設計源頭看起

由於現金流出的科學性與否主要取決於設計是否具有經營性、實用性、技術性和先進性，所以資金的管理應該從設計的源頭看起。

★從決策論證抓起

管理人員的決策是否具有預見性和前瞻性，是否進行了充分的論證和有力的監督，是決定專案工程資金管理的關鍵。

★把招投標落實到位

招投標的專案是決定企業長遠發展的重要因素，但很多企業的招投標專案管理不嚴、腐敗叢生，給企業帶來了巨大的資金浪費。

★把效益評價落實到位

企業對工程專案效益的評價應該透過投入和產出的比值來判斷，由專案投資和專案投入後產生的效益綜合作為評價標準。

■ 科學開源節流：
建立科學的資金管理系統，提升店鋪競爭力

近幾年，零售產業已然成為發展最快、市場化程度最高和競爭最為激烈的產業之一。而且，根據相關機構的調查和分析，未來幾年零售產業的發展將依然呈現上升趨勢。

零售產業在近幾年的快速發展過程中，出現了一些問題，大多數企業盲目追逐營業額的成長，而忽視了企業的管理，尤其在決定企業前途和命運的財務方面存在很多難題，很多企業尚未建立科學的資金管理系統，造成企業整體競爭力不強。零售企業面臨的資金管理難題如圖 7-13 所示。

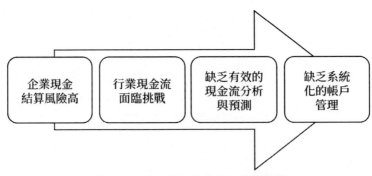

企業現金結算風險高　　行業現金流面臨挑戰　　缺乏有效的現金流分析與預測　　缺乏系統化的帳戶管理

圖 7-13 零售企業面臨的資金管理難題

1. 企業現金結算風險高

雖然近幾年行動支付技術已走上軌道，但由於零售產業的業態複雜，在零售企業的結算過程中，現金結算仍然占據了很大一部分比重，因此，與現金結算相關的資金安排問題也就成為了零售企業面臨的首要難題。

2. 現金流面臨挑戰

在眾多產業當中，由於零售與人們的日常生活緊密相關，因此其資金流動的頻率相比其他產業高得多。而為了維持正常的運轉，企業的流動資金往往有賴於資金的支持。近幾年，隨著相關政策的變化，要獲得足夠的現金流成為了零售企業的一大挑戰。

3. 缺乏有效的現金流分析與預測

由於零售企業的現金流除自身的營運外，還受銀行借貸和供應商的影響，所以難以保證資金充足，缺乏有效的分析和預測機制。

4. 缺乏系統化的帳戶管理

零售企業的營運需要足夠的資金支持，而由於缺乏統一的資金管理和控制系統，企業在營運過程中為了獲取足夠的現金經常出現借貸帳戶過多的問題，既容易造成資金風險，也給管理增加了難度。

▌如何建立科學的資金管理系統

在行動網路時代激烈的市場競爭中，企業要具有競爭優勢，就需要建立科學的資金管理系統。具體應該包括以下幾個方面。

1. 收付款管理

★ 小面額現鈔供應。零售企業需要與銀行等金融部門合作，獲得滿足營運需要的小面額現鈔。

★ 營業款清點。為了企業資金的正常流轉，應該由銀行為零售企業提供營業款的清點工作。

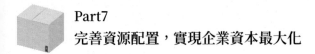
★ 支票管理。透過銀行或其他支付機構的資金管理系統，企業可以對支票進行作廢、列印或計入等全面的管理。並且，與銀行的帳戶進行核銷，針對核銷過程中發現的問題，企業可以提早啟動預警機制。

★ POS 刷卡管理。零售企業在安裝了 POS 機之後，可以透過合作銀行的網路銀行實時查詢資金的流轉情況和帳戶的資訊。

★ 行動支付管理。隨著越來越多的零售企業開始拓展通路，行動支付在零售業務當中的應用也越來越廣，需要企業提早建立與第三方支付機構等平臺的合作。

2. 資金集中管理（構建現金總額）

★ 資金歸納。銀行以及第三方支付機構等均可以對零售企業的資金進行歸納，透過支付平臺的資金處理系統，可以自動對企業一定時間的資金進行上收、下撥或橫向劃轉。另外，還可以根據企業的財務需要，提供固定餘額、留存限額、定額（比）結算等不同的結算方式和彈性的結算時間。

★ 額度管理。為了保證企業的良好運轉，企業應該對關聯子帳戶建立額度管理。這樣，當到達限定的額度後，子帳戶資金便會實時自動上存到集團帳戶；而當子帳戶有對外支付需求時，集團帳戶會劃撥相應的餘額到關聯子帳戶中。

★ 虛擬帳戶。為了方便企業內部資金管理，企業可以根據自身情況為集團企業的一個或多個成員單位設定虛擬帳戶。

3. 供應商集中支付系統

由於零售企業的供應商眾多，而且結算的時間往往比較集中。因此，透過建立供應商集中支付系統，可以提高資金結算的效率，減少財務人員工作量。

4. 零售產業供應鏈金融解決方案

零售產業的供應鏈包括上游的供應商和核心企業。

★ 對上游供應商的金融解決方案。包括出口押匯業務、出口打包貸款、支票貼現業務、保理業務等。

★ 對核心企業的金融解決方案。包括信保融資業務、同業代付服務、進口押匯業務、減免保證金開證、本外幣信用證業務、電子票據業務、票據業務、流動資金貸款等。

5. 投資理財管理系統

企業可以根據自己的需要將短期閒置資金轉為定期或通知存款，以提高企業資金的收益率。另外，為了滿足企業流動性、安全性的需要，可以定製一些客製化的理財產品，並將其與剩餘資金納入一條龍式的管理。

━━【商業案例】聯合利華（Unilever）：
用財務槓桿支持品牌，全面提升營運利潤

聯合利華是全球第二大消費用品製造商，在全球擁有 500 家分公司和近 30 萬員工，其旗下擁有 400 多個知名品牌，而聯合利華利用重要場地基礎上的產品供應鏈、簡潔便利的經營流程以及重組或放棄業績比較低的業務這幾種方式來支撐旗下品牌的發展。

一般來說一個企業集團只有一個總公司，但是聯合利華卻有兩個總公司，分別是在荷蘭登記註冊的聯合利華股份有限公司和在英國登記註冊的聯合利華公眾股份有限公司。雖然兩家公司在法律上各自擁有獨立的地位，並且其股票也是分開上市交易的，但是在營運上卻相當於一個實體，兩家公司有著相同的董事，相互之間透過各種協議進行連線，這就代表著兩家公司的股東會共同分享整個聯合利華的經營成果。

聯合利華的董事會成員包括治理董事和非執行董事，治理董事是聯合利華裡專門的高階行政人員，負責治理聯合利華的整個經營活動，在年度大會上，股東們會重新推選治理董事。

雖然聯合利華的董事會對許多職責範疇都需要承擔責任，但是在日常的經營活動中是由下屬的執行委員會來進行控制的，並且執行委員會還負責制定聯合利華整體經營業績全球策略。

聯合利華除了有執行委員會之外，還借鑑歐美公司的治理規則和管理方式，在董事會下設立了三個專業委員會；審計委員會專門負責公司內部的財務審計工作；提名委員會專門負責提名需要任免的董事；報酬委員會

主要負責制定公司內部高階行政人員的薪資待遇。

▌經營結構

聯合利華將經營組織和內部成果彙報都建立在產品和地區的基礎之上，在全球總共有兩個產品分部，一個是食品分部，另一個是家庭／個人洗護用品分部。這兩個產品分部又按照地區分成了 12 個業務組進行營運，其中的冰淇淋和冷凍食品業務、食品服務業務與專業清潔業務不再按照地區進行劃分。在產品基礎上，兩個產品的總監會分別制定各自的分部策略，同時他們還要與 9 個地區業務組總裁進行密切配合，制定地區範圍內的經營策略。

▌成長策略

1. 策略目標

聯合利華為自己制定的策略目標，是在國際著名的 21 家消費品公司中，股東總投資報酬率位列前三甲。

2. 經營目標

聯合利華將精力集中在幾個主要的品牌上，同時透過強而有力的改革、更多的行銷支持、產業供給鏈以及簡潔的經營流程等促進品牌的發展。

★ 品牌：集中優勢資源，將聯合利華旗下的 400 多個品牌組成的業務組進行產品改革，促進品牌的發展，這一做法有效地改變了資源利用分散的狀態，提高了資源的利用率，促進產品的改革。

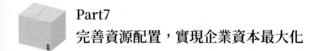

Part7
完善資源配置，實現企業資本最大化

★ 產品供給鏈：聯合利華將大約 150 個生產現場的製造計畫，削減至 50 個。

★ 精簡流程：聯合利華會對原有的資訊和知識系統進行更新，將資源全部集中在 400 多個主要品牌上，可能會削減公司中心的規模，減少一部分間接費用，完成這一項需要花費 20 億歐元。

★ 重組或處理業績不良的業務：對於那些不能達到業績標準的業務，進行重組或直接放棄。

★ 整合百事福業務：聯合利華除了對「成長之路」策略的業務進行重組之外，同時也對百事福業務進行了整合，可以節約 8 億歐元的成本。實施整個整合計畫耗費 12 億歐元，同時又減少了 8000 個就業機會，關閉了 30 個生產現場。

推動聯合利華「成長之路」策略進行價值創造的主要因素包括：

★ 旗下的主要經營品牌可以獲得成長。

★ 可以淘汰比較弱的價值創造方式。

★ 可以將經營利潤集中到支持品牌發展的專案上，從而使每股收益都能實現良性的成長。

★ 進產業務重組可以根據計畫按部就班地開展。

★ 可以對滿足不了業績標準的業務進行妥善處理。

★ 聯合利華對整個組織的策略實施有極大的信心。

【商業案例】聯合利華（Unilever）：用財務槓桿支持品牌，全面提升營運利潤

▌財務策略

聯合利華在開展財務策略的過程中始終圍繞「支持聯合利華實現策略目標」的宗旨，財務策略的基本要素主要包括：

★ 採取合理的手段獲取權益和債務資本。

★ 有彈性的戰術性收購計畫。

★ 獲得 A1 ／ P1 短期信用評級。

★ 有足夠的生命力，面對動盪的經濟環境，可以在最短時間內重新站起來。

★ 在以上幾個限制條件的基礎上，實現最低的資金權重平均成本。

為了促進財務策略的實施，要充分利用兩個比率，並將其當作要害指示器：

★ 淨利息支出與經營毛利之比要小於 12.5%。

★ 扣除利息與所得稅及扣除專案前的營運現金流與租賃調整後的淨債務之比大於 60%。

在聯合利華還有一項財務政策，就是透過組合留存收益、第三方借貸、總公司貸款以及向內部各財務公司融資，為其經營的附屬公司進行融資，其中向內部各財務公司融資這一項適用於有關的國家和業務。

Part8

以人為本的員工管理模式：

如何培養、吸引和留住優秀人才？

重視培養員工職業素養，提升員工的服務水準

調查顯示，大多數消費者認為零售產業中營業員的素養和服務品質是自己做出購物選擇的重要因素。因而零售企業在重視經營和行銷模式的同時，同樣不能忽略對員工的培養和管理。

調查發現，零售百貨產業中對員工的培養和管理上普遍存在一些問題。

1. 沒有對員工進行統一、嚴格的管理

許多零售企業在營運過程中，為了降低營運成本，普遍採用了一種「借雞下蛋」的經營模式，即商場中的前線員工由生產廠商派遣，員工在商場的人事關係以及薪資情況也是由生產廠商負責。商場對這些員工只是進行一些簡單管理，因此員工對商場的依附程度和黏著度都比較低。

A商場是一家專門從事食品、服裝、百貨、餐飲及娛樂經營的零售企業，商場的營業面積大約為 60,000 平方公尺，一共擁有 2,500 名員工，但是由商場直接僱傭的員工只有 200 名左右，主要負責收銀、財務、採購、行銷企劃、樓面管理等工作。

除了收銀員外，商場的每個部門幾乎都沒有前線的自營員工。商場自開業以來就一直靠贈送優惠券的行銷方式來吸引消費者。兩年之後，營業業績表明，A商場從開業以來一直處於虧損狀態，這就表明雖然「借雞下蛋」的經營模式降低了商場的營運成本，但同時也讓商場失去了更多的盈利機會。

　　與之形成鮮明對比的是，B 商場非常重視對前線員工的培養和管理。在開店之前，B 商場就已經提前應徵了 80 名員工並將其送到日本去接受專業的培訓。這部分員工在日本被分別分配到了大型商場商品部的各個職位上，學習日本零售百貨商場的經營技巧，包括銷售技巧、商品的陳列方式、商品的布局以及商品的採購等。

　　在進行了系統和全方位的學習之後，這部分員工回到國內的 B 商場，在實際工作中運用所學的知識和技巧，積極投入到商場的營運管理和服務中。

　　因此，B 商場自開業以來，營業業績一直保持上升的成長趨勢，淨利潤達到了 5%以上，並且在當地的零售百貨產業中穩居霸主地位。

2. 女性員工比例高、學歷低

　　許多商場認為，前線員工不需要多高的學歷，只要高中或者專科以上就可以，因此在許多商場中很少有擁有大學學歷的前線員工，這是商場員工素養低、服務品質差的一個重要原因。

3. 商場前線員工的市場價值低，福利少，員工缺乏安全感

　　許多商場對前線員工的市場估值比較低，而且商場沒有為員工提供相應的福利配套措施，使得員工缺乏安全感，沒有對企業形成忠誠意識。

4. 前線員工的流動性比較大

　　商場會不斷對入駐的品牌進行篩選和淘汰，每個商場一般在一年內至少要經過兩次大的裝修，品牌輪換率高達 20%，人員輪換率達到了 30%。

　　對於零售百貨產業中普遍存在的這些問題，應該採取哪些有效的措施解決呢？如圖 8-1 所示。

圖 8-1 培養員工的職業素養的 4 個方面

培養自營品牌和自營人員

零售百貨企業在培養自營品牌和自營人員的同時也是為企業培養核心
員工，為企業下一步的發展奠定人才基礎。上述案例中的 B 商場在經營
自主品牌的同時還斥巨資引入了國際上的一些前線品牌，例如雅詩蘭黛
（Estee Lauder Inc.）、蘭蔻（Lancôme）等，同時還將自己應徵培養的員工
派遣到這些品牌中去經營，讓員工在享受品牌高薪的同時也能獲得商場的
各種福利保障。

自營員工在被派到品牌店可以學習國際知名品牌的管理經驗和行銷技
巧，為企業的進一步發展奠定良好的經驗基礎。

加強對員工技能和能力的培養

員工的能力和技能如果不能與時俱進，將不利於企業的發展和進步。
有研究顯示，50%的員工的知識和技能如果不能得到實時的培訓和學習，
那麼在 3 至 5 年之後就會過時，而超過 44%的員工如果在一年內沒有得到
培訓機會就會另謀出路。

加強與員工的交流和溝通

在商場的員工管理工作中，增強與員工的交流和溝通是進行有效管理的重要前提。試想一下，如果商場的管理人員和前線員工之間的溝通不暢通，那麼管理層下達的指令將很難得到前線員工的實際執行。

目前商場大多數前線員工都是由生產廠商派遣的，他們都統一接受各自廠商的管理，因而商場管理者對他們的管理許可權比較有限，因此良好的溝通就成了增強雙方連繫的一個重要方式，在與員工進行溝通的過程中可以適當傳達商場的經營理念和相關的政策，讓員工理解並支持商場的政策和行為，從而在具體的服務顧客的過程中貫徹商場的服務理念，提升顧客的購物體驗。

B商場在不同的發展時期根據不同的需求專門成立了現場管理部門，主要的工作就是與員工進行聯繫溝通以及進行現場監督等。現場管理部門成立後，要求所有的員工都必須參加早、中、晚會。在這個時間段裡，相應的管理人員會向員工傳達一些重要的事項並對現場出現的一些問題進行處理。

B商場還成立了公司內部通訊平臺，會對公司內發生的重大事件進行宣傳，同時也會宣傳賣家的促銷資訊和員工的工作感受等，這樣公司內部通訊平臺就變成管理層與員工，以及員工與員工之間進行溝通交流的重要平臺。

培養員工的多種技能

一般來講商場前線員工工作的重複率很高，長時間工作極易產生厭煩感，從而失去工作的興趣和動力，甚至可能會導致員工流失率的提高，而加強對員工多種技能的培養就可以有效解決這個問題。

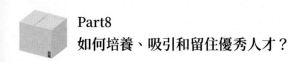

Part8
如何培養、吸引和留住優秀人才？

　　對員工進行多種技能培訓，可以讓員工勝任多職位的工作，例如收銀員、倉儲管理等，這樣不僅增加了員工工作的彈性和趣味性，也減少了因工作乏味而產生的人員流失，同時對零售商而言可以在增加少量培訓費的同時減少員工數量，擺脫了龐大的人員架構帶來的執行力低的問題，提升了商場的整體水準。

實體店員工培訓：
如何對新員工進行入職培訓？

零售產業的服務包括售前服務、售中服務和售後服務，售前服務主要包括商品陳列、賣場環境的準備和必備的商品專業知識；在銷售過程中，員工提供的服務包括顧客接待、微笑問好、商品介紹等；售後服務包括售後保障、售後問題處理、後續隨訪、售後聯繫等。

針對如此繁複的服務，單純一次的培訓顯然不足以保證員工的工作水準，零售企業會根據自身情況對員工進行很多次的培訓。

入職培訓

入職培訓是企業對每一個新員工介紹公司歷史、基本工作流程、行為規範，組織結構、人員結構和處理同事關係等活動的總稱，是針對新員工的基礎培訓，目的是使員工盡快融入團隊。零售業連鎖店的入職培訓，側重於對道德規範的教育和專業技能的培訓，包括教育員工增強工作自覺性、幫助員工熟悉商品知識、督促員工禮貌待客等，幫助新員工快速適應工作職位。

★道德規範教育

道德規範教育雖然不涉及具體的工作技能，但是關乎員工個人的品德，在以人為本、以信譽為生命的商業零售領域尤為重要。道德規範教育內容豐富，從國家層面的相關法律法規，到產業層面的商業道德，再到企

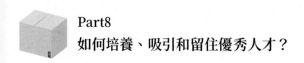
業層面的服務規範和紀律，這些培訓的目的是使員工能夠自覺遵守企業的
規章制度，維護企業形象。

★專業技能培訓

在零售產業，技能培訓主要圍繞商品進行，涉及商品的採購與銷售、
配送、工藝流程等的專業知識，當然，也包括經營管理等基本專業知識。
在專業技能培訓中，要保證員工對店內日常經營活動的各方面了解通透，
例如「為什麼要招呼顧客」、「怎樣招呼顧客」、「不同的商品應該如何擺
放」等日常的操作和原理。這些培訓，除了能使員工樹立正確的工作觀念
之外，還能增強員工的人際交往能力。而員工樹立了正確的工作觀念，自
然就會服務得更到位，消費者就會得到更好的購物體驗。

在職培訓

在職培訓是員工入職以後接受的培訓，一般情況下主要包括改善人際
關係的培訓、新知識、新觀念與新技術的培訓和員工升職前的培訓。

★改善人際關係的培訓

這類培訓通常會不定期舉行，培訓目的是幫助員工正確認識和處理周
圍的人際關係，包括與同事之間的關係和交往，自身的社會關係和心理健
康，與部門、企業的關係，以及與其他部門之間的關係。

★新知識、新觀念與新技術的培訓

企業要發展就要與時俱進，直接面向消費者的零售連鎖企業更是如
此。企業必須密切關注風向變化，緊跟潮流，不斷更新知識、技術和觀
念，透過在職培訓將它們傳達給員工。

★晉級前的培訓

　　升職、晉級是每個員工期盼的，也是員工工作動力的源泉。由於經營的擴大或者人員的變動，企業經常會出現職位空缺，而頂替職位的員工通常是由下一級員工晉級而來。在他們進入新的工作職位之前，企業通常會對他們進行一次必要的培訓，以使晉級員工對新職位的工作做好心理和能力方面的準備，掌握相關的知識和技能。

　　前線員工如果經過陸續晉級成為中層管理人員，就應該接受企業的職務培訓。因為中層管理人員是連鎖銷售企業的中堅力量，他們的工作將直接決定企業的發展，所以企業特別重視對管理層的培訓。一般來說，這類培訓會培養管理人員的專業技術能力、人事組織能力和綜合協調能力。除此之外，職務培訓還會注重一些其他能力的培養，如圖 8-2 所示。

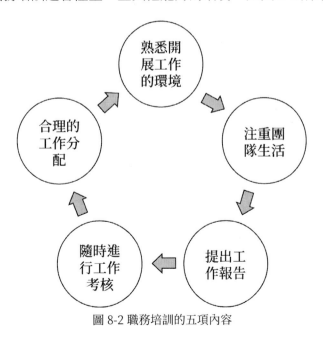

圖 8-2 職務培訓的五項內容

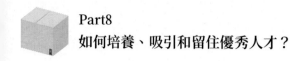

Part8
如何培養、吸引和留住優秀人才？

★熟悉開展工作的環境

管理人員在進入新的環境任職之前，應該對公司整體的經營、管理以及本部門的工作都有相當充分的了解，在這個基礎上才能順利地開展工作。

★注重團隊能力

管理人員是團隊的管理者，是團隊營運的決策者，帶領整個工作團隊同進退、共甘苦，因而團隊能力十分重要。這種能力可以透過向前輩或優秀的同事請教得來，同時也要加強對基層工作的了解和與基層員工的溝通，累積寶貴的工作經驗。

★提出工作報告

向上級提交工作報告也是日常管理工作的內容，所以要注重這方面的培訓，要求被培訓人員針對培訓內容定期提交報告，一方面鍛鍊他們寫報告的能力，一方面也可以了解他們的學習情況，根據他們掌握的情況隨時調整培訓節奏。

★隨時進行工作考核

對下屬員工進行工作考核是管理工作的重要組成，同時管理人員也要接受來自上級主管的不定期工作考核。透過這種方式，一方面主管能夠更深入地了解培訓成果，另一方面被培訓人員對考核方式有了更多的了解，自己實施起來也會更容易。

★合理的工作分配

被培訓人員對某一工作熟悉之後，企業會安排他們去負責新的工作內容，特別是一些能力較強、潛力大的員工，一定不能讓他們長期處在同一

個工作職位，以避免他們對重複工作產生倦怠情緒，最終造成離職他就。同時，這樣做也能更大程度上刺激員工潛力，使他們為企業創造更大的價值。

▋在職訓練

在職訓練，指的是在工作現場進行的培訓，在工作過程中，上級對下一級員工進行具體的指導、幫助和教育。這種培訓主要圍繞業務相關的範疇，例如對業務活動和目標任務的指導、被培訓人員的個人能力研發培養教育，另外，也會涉及與個人管理能力相關的指導。

在職訓練是一個循序漸進的過程，先制定計畫，然後執行計畫，再對執行進行評價分析，最後再對評價的結果進行處理，對成功的經驗加以肯定，對失敗的教訓進行總結，對於沒有解決的問題，制定下一個計畫，然後循環下去。整個循環週而復始地進行，一個循環結束，未解決的問題進入下一個循環，這樣階梯式上升。

▋職場外訓練

職場外訓練，指的是離開工作場所進行的培訓。根據受培訓人群的不同，職場外訓練可分為分層培訓和分專業培訓。前者指的是針對不同階層的員工進行職場外訓練，如對科長、班組長等的教育培訓，對新職員的職前培訓，對骨幹員工的職場外訓練等；分專業培訓指的是按不同專業對各類職工進行職場外訓練，包括對不同職工進行全面品質教育培訓、安全生產教育培訓以及專業教育培訓和技術教育培訓等等。

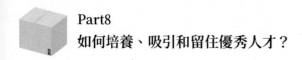

Part8
如何培養、吸引和留住優秀人才？

█ 自我訓練

　　自我訓練指的是依靠員工自己進行自我提升，企業不提供時間和經費支持，員工在工作之外的業餘時間，透過去教育培訓機構上課或者自學等方式，提高自己的工作技能。企業應該鼓勵並認可員工透過自我訓練取得的證書和資格，並根據員工的自我訓練成果給予相應的獎勵。

　　因為培訓的目的是為了提高工作技能，所以自我訓練也是企業教育培訓的一部分，它完全依靠員工的主動性和自我約束，減少了企業教育培訓的資本投入。

▬▬ 建立人才儲備機制，有效地完成管理人才的複製

眾所周知，現代零售業的特點是連鎖化經營。零售企業想要更好發展不僅需要優秀的管理模式，標準化的流程制度，更需要培訓出有高度執行力的人才。此外，還需要保證一定的人員儲備量，這樣開新店時才有充足和適合的人去管理。

因此，連鎖企業人才的儲備和培養對日後門市的營運管理品質及其拓展速度起著決定性作用，但這與傳統製造業偏重單純技術性的特點又有極大區別，要做好並不易。零售企業是典型的經驗型工作，需要專業知識和熟練的技術，這些不是透過課堂教育就可以達到的，必須透過實際的操作演練、實習、持續的教育與行動相結合，才能真正訓練出有經驗、有技術、有能力的，適應連鎖企業發展需求的實用型人才。

在連鎖企業營運管理實踐中，還有很多實際問題困擾著人事經理們。例如儲備人才與人力成本的矛盾，各級優秀經營管理人員尤其是高層管理人才經常性匱乏。

現在很多零售企業為了爭奪卡位資源瘋狂地開店，人才的匱乏與規模的不匹配，讓這個矛盾顯露無疑，也成為了讓管理者最頭疼的問題。

基層員工要經過層層選拔和大量培訓，在各個部門充分鍛鍊，才有可能成為店長；而富有經驗的成熟店長所需時間更長，程序更多。由於企業快速擴張及內部的人才培養速度跟不上，而外部人才市場的實際儲量又很匱乏，很多零售企業都遭遇到「店長荒」。

要有效地緩解這個矛盾，很顯然並不能僅僅依靠傳統的以總部培訓中

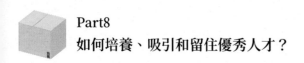

Part8
如何培養、吸引和留住優秀人才？

心為基地或是以集訓方式儲備人才的模式，而是應該建立以實踐為基礎的以各門市為基地的有效管理模式。那麼如何建立呢？

▌連鎖企業培訓組織結構設計和建立

不管是多大的連鎖企業，在此模式中總部的培訓中心組織極其簡單。很多營業額幾十億的連鎖企業的培訓中心員工不到 10 人，只負責整體的培訓構架規劃和人力管理，基本不涉及具體的獨立課程。但在連鎖店中卻有專門負責培訓的人員，同時對其課程的內容進行研究和研發更新，以便進行一些高階課程的培訓。日常絕大部分和最核心的部分由各門市自主完成。但每家門市並不需要很多專職的培訓人員，有的甚至一個也沒有，為什麼呢？

▌以內部講師制為特色的門市培訓制度

這其中奧祕就在於內部講師制的建立。這是指對於每門課程在各門市都有相關營運管理人員擔任，有相關人員講解。例如，門市保全部經理作為講師講解安全方面的知識和技能，門市店長作為講師講解陳列管理、訂單管理等，這樣既節約了成本又更有針對性，同時對講師來說也是種能力提升，是對其工作的肯定和鼓勵。

▌各類課程以課題式研究方式為主，建立議題討論小組

考慮到連鎖零售業不同職位的專業性不一樣，可以考慮在每類課題裡選拔最優秀的管理人員為負責人，建立議題討論小組，專門負責對這個議題研發、更新和培訓。例如，生鮮的專業性極強，生冷熟食、加工製作工

藝各不相同，就可以按特性建立議題討論小組專職負責這部分課程，還有商品的陳列、耗損控管、談判管理等等，這麼多的專業內容就是一個個具體的課題，來自實踐歸於實踐，既能保證議題的專業性、深度和新鮮度，又能進一步發揮專業人才的作用。

▌固定實習職位

當然各門市僅有相關人員負責是遠遠不夠的，更主要是來自工作實踐。固定職位培訓制度就是在其關鍵職位設定固定培訓職位，如培訓店長、課長、處長等，根據各門市實際情況，給這些人員安排專門工作以協助營運經理。這樣一來，新店開張時這些人員就已熟悉了工作方法及員工情況，原來的營運經理可以放心地去開新店，因為接替人員已經對工作得心應手了。

▌新老結合

師傅帶徒弟，老人教新人，一直以來都是工業製造企業的優良傳統，用在連鎖零售企業中同樣是適用的，因為零售業重經驗，經驗一定是在實踐中鍛鍊累積出來的。老員工工作時間長，有相應的經驗，新員工進來基本上什麼都不懂，白紙一張。如果能新老結合，這種貼身式的教育效果是最好的。

▌透過內部培訓學習，將晉升作為主要激勵手段

由於連鎖店不斷擴張，需要大量各級營運管理人員，而內部晉升制不僅保證了大量人才來源，而且也是最有效的激勵政策。當員工看到如此快

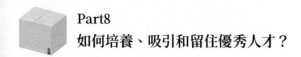

速通暢的晉升通道時，也許少些薪水就不是大問題了。這樣，既解決了企業人才儲備及來源問題，又降低了成本。當然晉升評估標準和個人定期評價是核心的管理流程，否則就會因不公正而帶來更多負面影響。

　　所以，要使企業不再為缺乏管理人才而煩惱，建立以門市基地培訓和有效的人才儲備管理模式就勢在必行了。如此一來，企業的優勢也就顯現出來了，連鎖營運的成功也將指日可待。當然，這其中會遇到很多細節問題，這將關係到營運模式的成敗。

基於心理契約的員工管理：
建立和提升員工黏著度

　　服務業是許多國家的主要產業之一，而且隨著經濟的發展，工業化、城市化水準的提高，服務業在經濟中占的比重會越來越高。

　　零售業是服務業的主要組成部分，然而，規模巨大的零售產業卻常常面臨人員流動過快的問題，因而如何建立和提升員工對企業的黏著度，成為零售領域急需解決的問題。

影響零售企業員工黏著度主要原因

　　提高員工黏著度，首先要搞清楚影響黏著度的原因。調查顯示，零售業員工選擇這個產業的原因主要是出於個人興趣，其次是發展前途。

　　在看重的工作因素方面，51.6%的員工看重個人發展機會，44.5%的員工看中個人利益，尤其是薪資福利水準，21.1%的員工則傾向於個人能力的展現。根據這個結果，可以推斷出零售業本身具有較大的吸引力，員工對零售產業的個人發展機會抱有很大期望，而薪資福利水準和個人發展機會是員工選擇零售產業的重要因素。

　　雖然零售產業存在很大的吸引力，但是隨著產業內競爭的加劇，導致員工在工作中承受的壓力越來越大，業績提升越來越困難，對企業的未來也缺乏信心，對現狀表現出困惑，而且零售業員工，尤其是前線員工普遍缺乏危機感和競爭意識，這些因素綜合起來嚴重阻礙了零售企業的發展。

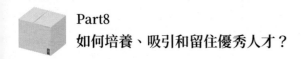

Part8
如何培養、吸引和留住優秀人才？

零售業前線員工流動性很強，僅有18%的員工願意長期從事零售業工作，明確表示不會長期從事零售工作的員工比例達到25.8%，近56.3%的被訪員工則不確定自己是否會繼續從事現在的工作，說明前線員工在自身意識層面就存在了相當程度的不穩定，查詢其背後的原因是降低零售業員工流動性的第一步。

在零售業前線員工對企業的期望因素中，排名第一的是加薪，其次是培訓、升職、旅遊機會、保險福利等。

然而，前線員工的薪資普遍較低，自然對薪資水準的滿意度也低，他們普遍感覺薪資一般，還有很多員工對自己的收入很不滿意，這是零售企業招募困難的根本原因，不提高薪資水準，零售業缺工問題將一直存在。

▌提升員工黏著度的關鍵因素

人工成本和企業毛利一直處在企業管理的兩端，單純給員工提高薪資，就會降低企業毛利，所以不能作為解決方案，只有盡力提高員工的工作技能，從而使員工的工作成績和企業的效益都得到提高，才能使員工薪資和企業毛利都得到成長。

員工技能的提高可以分幾個步驟走，一方面透過強化員工的入職培訓，促使員工盡快適應工作，減少磨合；另一方面企業可以設立學習基金或者技能基金，鼓勵員工主動學習，透過提高技能來獲取績效。另外，零售企業還可以設立導師培訓制度，鼓勵優秀的員工有償培養新人，這樣既有助於經驗的傳承，又可以迅速地幫助新員工提高技能。

▍娛樂化的工作方式和激勵方式

隨著七年級生與八年級生成為社會的主力，傳統零售企業的激勵方式已經落伍。這一代的年輕人追求個性、自由、開放，企業應該針對這些特點，改進原有的激勵方式，可以採用更多的娛樂因素，以淡化工作壓力。

例如在工作績效考核方面，除了正常的銷售任務之外，員工的日常表現可以透過遊戲化的方式來進行考核，每天透過任務的完成程度領取點數，點數可以用來兌換獎勵，抵扣懲罰，員工之間還可以相互 PK……這樣娛樂化的績效規則，不僅能夠激發員工的工作熱情，還能強化工作體驗，同時使工作看起來很輕鬆，員工工作得開心，離職率自然就能降低。

另外，零售企業還可以採取更加彈性的休假政策，例如提前完成了工作任務剩下的時間可以休息，同事之間可以調換工作時間等。

★改進管理方式

企業高層總在自己的辦公室裡工作，與基層員工接觸較少，對基層員工的思維模式和工作內容都不了解，而基層員工會覺得企業不關心他們，難以對企業產生歸屬感。高層與基層之間不但缺乏對彼此的了解和信任，也缺乏順暢的溝通。

針對這種情況，零售企業管理層可以輪流體驗一下基層工作，這樣不但可以增進對基層工作的了解，也有助於企業向心力的凝聚，讓基層員工感受到來自管理層的關心，從而增強員工對企業的感情基礎，使前線員工對企業產生歸屬感。

儘管零售企業有員工流動性大的問題，企業希望盡可能地留住員工，但是如果因為這樣而容忍績效不好的員工，長此以往將不利於零售團隊的

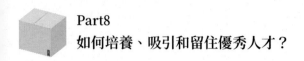

管理。不適合的員工應及時淘汰，將資源留給更適合的員工，這樣才能保持零售團隊的良性發展，獲取更高的績效，從長遠上看，企業發展得更好才會有利於員工黏著度的保持。

★把握員工流失關鍵時期

如同婚姻一樣，零售產業前線員工的流失有一些固定的時間規律，從以往的經驗來看，在員工入職初期、轉正期和三年的倦怠期這三個時期，員工的流失率最高。

在員工入職初期，面對陌生的環境和陌生的工作，新員工會產生對未知生活的恐懼，不知道自己能不能與同事相處融洽，擔心自己不能勝任工作，很容易產生焦慮，因而容易一走了之。因而在這段時期，主管人員要在生活上、工作上給予新員工足夠的關心和照顧，幫他們順利度過初期的焦慮，從而減少這一階段的人員流失。

等到新員工適應了自己的工作，順利地工作一段時間以後，員工開始對未來的職業發展感到迷茫，也容易辭職。在這個階段，管理人員應該和員工進行深入的溝通，幫助員工理清自己的職業規劃，積極地對他們進行心理輔導，幫員工調整工作心態。員工對未來有了清晰的規劃和認知，就不會選擇離開去尋找新的方向。

工作三年以後，員工對工作的熱情逐漸消失，日復一日的重複工作、晉升的壓力等負面情緒很容易使員工進入對工作的倦怠期，希望尋找新的刺激。所以對於工作滿三年的員工，管理人員應該著重關注，積極跟進工作、生活、心理方面的溝通和輔導，提高員工對企業的黏著度。

▬【商業案例】蘋果實體零售店：
蘋果公司如何對員工進行內部培訓

賈伯斯帶領自己的團隊用智慧創造了 iPad 和 iPhone 等高科技產品，並讓蘋果公司以一種帶有傳奇色彩的身分存在於這個世界上。「蘋果」已經成為一個家喻戶曉的名字，也被評為世界上最有價值的科技公司。支撐蘋果公司取得如此大成就的支柱中，除了其高科技支柱外，還有一個讓人意想不到的低科技支柱 —— 實體零售店連鎖。

在實體零售店中行銷和推廣產品，使員工與顧客之間產生了連繫，員工與顧客之間進行的互動和溝通會對產品的銷售產生直接的影響，因而加強員工的內部培訓就顯得尤為重要了。

在對蘋果實體零售店進行分析研究的過程中發現：蘋果公司非常重視員工與顧客之間的互動方式。蘋果公司會加強對現場技術支援人員的規範用語培訓；對他們強調細節的重要性，甚至於細緻到每一款樣品機上的預設圖片和音樂的使用都有規範和標準，致力於讓顧客享受極致的體驗。

根據蘋果和國際主題公園協會（Themed Entertainment Association）的資料來看，每一季蘋果所有門市的訪客數量可以達到 6,000 萬。投資銀行尼德姆（Needham & Co.）統計的資料顯示，除了網路銷售外，蘋果門市平均每平方英呎的年營業額達到了 4,406 美元，如果加上 iTunes 在內的網路銷售，平均每平方英呎的年營業額達到 5,914 美元，遠高於珠寶商蒂芙尼公司（Tiffany & Co.）、奢侈品零售商蔻馳（Coach Inc.）和電子產品零售商百思買公司三個品牌實體店的每平方英呎的年營業額。

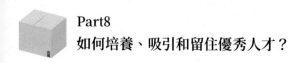

Part8
如何培養、吸引和留住優秀人才？

蘋果在布置實體店的時候力求做到寬敞清新，讓顧客在店裡體會到一種輕鬆愉悅的感覺。蘋果公司對員工有一項非常嚴格的規定，就是絕對不能向外界透露蘋果的經營方式，員工之間不得散播和談論產品的傳言。如果產品出現一些小故障，技術人員不得過早地承認，任何員工不得在網路撰寫有關蘋果公司的內容，否則就會被解僱。

▌顧客服務和店面設計精益求精

蘋果公司非常重視為顧客提供優質的顧客服務，以及能夠吸引顧客的店面設計，透過精益求精的工作追求為消費者提供更極致的體驗。

也正是憑藉著這些優勢，讓蘋果門市在許多營運商正遭遇困難之際，依然能走得比較順暢，並且在眾多的零售店中脫穎而出。

▌低薪資但魅力無限

雖然蘋果門市為員工開出的薪資並不高，工作也很繁忙，而且在門市裡幾乎沒有升遷的機會，但是依然有很多人不顧這些條件，紛紛湧入蘋果的實體零售店。

比起在麥當勞、沃爾瑪以及星巴克等企業工作，人們更傾向於在蘋果商店工作。據了解，每年蘋果公司都會收到許許多多的求職信，儘管在工作幾年之後很多人因為理想破滅而離職，但這依然擋不住更多想要跨進蘋果門檻的人。

相對於是否擁有豐富的科技知識，蘋果公司在選擇門市員工的時候更看重是否「親切」和是否具有「自我管理能力」，因為在蘋果公司看來知識是可以後天培養的，而「親切感」和「自我管理能力」則主要靠天分。

▊ 在進行員工培訓時溫馨歡迎員工

對於員工的培訓一般都是從「溫馨的歡迎」開始的，員工在接受培訓的時候公司的管理層和培訓師都要起立鼓掌歡迎，以緩解新員工的緊張情緒，從而讓他們以更加良好的態度對待培訓並真正融入到培訓中去。

▊ 讓員工變高尚

從員工進入蘋果店的第一天起，經常在他們耳邊響起的一句話就是「使人們的生活更豐富」。蘋果公司讓員工時刻謹記他們從事的工作是為了豐富消費者的生活，而不是普通的賣手機，這樣就可以使員工感到他們正在做的是一件很高尚的事情，從而在心理上獲得滿足感，更容易激發他們的工作熱情。

▊ 重視服務品質

蘋果面試的流程非常嚴格，一般要經過兩輪面試，求職者會被問到有關領導力、相關問題的解決技巧以及對蘋果產品是否熱愛等問題。員工一經錄用就要接受廣泛的培訓，學習如何運用顧客服務原則，並且要跟隨老員工進行實地學習。在沒有得到認可之前，新員工不得與顧客直接進行溝通和交流。

此外，蘋果的員工一般都是蘋果產品的粉絲，這樣他們會帶著熱情投身到工作中，並且非常樂意了解公司的情況，培訓的效果會更好。

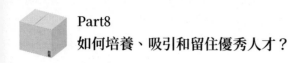

Part8
如何培養、吸引和留住優秀人才？

█ 傳授銷售哲學：不是為了銷售，而是為顧客解決問題

沒有需求就沒有市場，蘋果零售實體店的成功與消費者對公司產品的需求密切相關。零售分析師認為，與其他競爭對手相比，蘋果的優勢在於其擁有更高階的技術。

蘋果的實體零售店在顧客服務以及門市設計等方面的成果和經驗值得許多零售實體店學習和借鑑，從蘋果的培訓手冊以及員工的描述中可以得知，專門從事銷售的員工會被傳授一種銷售哲學：不是為顧客，而是為顧客解決問題。這一銷售哲學一直被奉為銷售工作的重要指南。銷售人員的工作就是要深入了解顧客的需求，甚至於了解連顧客自己都沒有意識到的需求。

蘋果會對實體零售店的員工進行全方位的嚴格培訓，這種嚴格管理致力於為顧客提供輕鬆的購物體驗，從而也吸引了大量的顧客。

據曾經在蘋果店工作過的員工說，在銷售的時候永遠不要抱著一種要完成一筆銷售交易的心態，而是從顧客出發，尋找他們的關注點，為他們尋找解決方案。

蘋果將員工為顧客提供的服務總結為五步，如圖 8-3 所示。

蘋果在對顧客的體驗上力求將每一個細節都做到完美，蘋果實體零售店的培訓手冊上還有指導技術人員如何與顧客進行溝通的內容。

在蘋果工作能給員工帶來非常酷的體驗，同時也有助於蘋果聲譽的提升。蘋果實體零售店的員工是顧客唯一能接觸到的工作人員，他們被譽為蘋果「專家」，不僅訓練有素，還有極高的使命感和責任感，是蘋果公司一筆寶貴的財富。

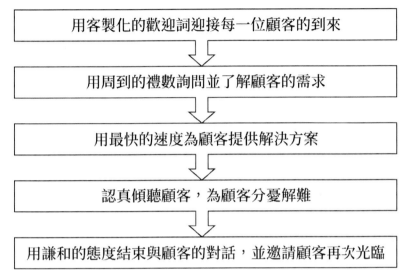

圖 8-3 蘋果公司提供的服務體驗

後記　零售商的未來

　　隨著網際網路及行動網路的迅速發展，全球零售業已經進入了數位化時代。全新的技術、全新的消費理念和消費方式，已經逐漸被消費者所接納和認可。以我對零售業多年的觀察，在不遠的將來，全球零售業將在根本上改變傳統的商業模式和運作模式。

　　那麼，在「網際網路」時代到來的契機下，傳統零售企業的未來在哪裡？實體零售商應如何自我突破、積極改革？如何在瞬息萬變的商業環境中建立持續競爭優勢？以下是我對未來的零售業的幾點觀察和思考，冀望於給業界同仁帶來一點點啟示。

◆社交網路

　　隨著行動網路的飛速發展，以及手機等行動裝置的普及，Facebook、X（Twitter）、LinkedIn、YouTube 等多元化的社交網路平臺已經滲透到了人們生活的各方面。而在社交網路平臺下，消費者的消費行為、心理、偏好等大量資訊，對於零售商而言是一塊尚未被研發的巨大資源寶庫。

　　因此，零售商需要藉助正確的顧客分析工具，對消費者行為進行資料化，有效挖掘消費者深層次的購買需求，根據消費者需求制定精準化的商品管理和行銷方案。與此同時，零售商也可以充分利用社交通路與消費者進行互動、建立與消費者之間的「強關係」、提高消費者對品牌的黏著度，從而影響消費者的購買決策。

◆展示廳現象（Show rooming）

不知你是否已經觀察到：許多消費者踏進實體店，只是對商品進行挑選、體驗，而在鎖定目標商品後，他們往往選擇在網路購買 —— 這一現象已逐漸演化為一種常態。對於實體零售商而言，與其阻止這一不可逆轉的趨勢，不如順勢而為：利用實體門市抓住與消費者互動的機會，打通線上線下業務的無縫銜接，實現雙線銷售同步成長。

當然，要實現這一目標，不僅需要對門市員工進行科學的培訓、管理和完善，還要為員工配備顧客服務和輔助銷售解決方案（Clienteling and Assisted Selling）。此外，零售商還應該為消費者提供極致的服務體驗，進行科學合理的門市布局和拓展，如策展（curated）商品組合；獲得更多的門市授權，以拓展服務範圍；採取科學的價格策略，以高性價比的產品滿足和超越顧客期望。

◆門市層級的客製化選品

這一策略實際上是展示廳模式的延伸和升級，其目的在於更好地滿足在地消費族群的購買需求和偏好。以推（Push）為主的「量販式零售」時代早已被時代的車輪碾得粉碎，在同質化產品氾濫、競爭日益激烈的年代，傳統零售商必須要清楚地意識到顧客的購買意願和偏好，根據他們的消費心理對門市進行細分和策展，為顧客提供客製化選品。

◆提升門市價值

如今的實體門市已不再僅僅扮演「貨倉式大賣場」的角色，而是逐漸演變成了一個集娛樂、休閒、社交、消費於一體的場所。因此，傳統零售商必須在策略布局和選址策略上進行慎重的權衡和思考，例如，在大型購

物商場入駐的門市是否具備較強的盈利能力？在繁華的商業街，應採取怎樣的門市選址策略？

此外，在全通路零售的背景下，零售商需要賦予實體通路新的角色和價值，對門市布局、貨架擺放、內部裝潢、燈光設計及娛樂因素等做出相應的調整，以便於為顧客提供有優質的服務體驗。

◆全通路零售（Omnichannel retailing）

所謂「全通路零售」，是指在網際網路和電商迅速發展的數位化時代，零售商將透過各種通路與顧客互動，包括網路商店、實體店、服務終端、客服中心、社群媒體、行動裝置等，採用全新的視角將各種通路整合為「全通路」的一體化無縫式體驗。「通路為王」對於零售業而言並非誇張之辭，那麼，傳統零售商應如何實現全通路零售策略的布局？

（1）提供全通路購物體驗。無論是線上還是線下，當消費者在與品牌產生互動時，他們都希望能獲得愉悅的消費體驗。因此，這就意味著零售商不僅要各通路提供一致的品牌觀感，還需要從不同維度上去了解消費者的消費行為，利用大數據建立精準化行銷策略，以便讓品牌360度與消費者深度互動和溝通。

（2）以消費者為中心的通路選品。根據顧客的消費行為、心理、偏好建立最佳商品組合。值得注意的是，需求通路（訂單下達通路）並不等同於訂單履行通路（取貨或出貨通路），因此要建立出「最佳商品組合」，零售商必須要做到兩點：商品的搭配組合必須要與需求通路相協調；庫存、調配必須與訂單履行通路相協調。

（3）有彈性、反應度高的實時供應鏈。要想給消費者提供全通路購物體驗，零售商就必須要建立強大的供應鏈系統，只有這樣才不致讓品牌承

諾淪為「空頭支票」。那麼，零售商應如何打造有彈性、反應度高的實時供應鏈解決方案？我在此提出三點建議：

建議一，整合細分各通路的消費族群：滿足細分群體的需求，從而實現精準行銷、制定準確的供應鏈計畫。

建議二，整合細分品類以完善供應鏈：無論是傳統實體還是電商，任何一個成功的品牌都是細分市場行為定製提供產品來驅動結果，高效供應鏈營運的核心在於品類。

建議三，多通路庫存共享：無論是實體通路、電商通路，還是行動端……任何一個通路的資訊，都要確保實時、同步、可見的共享。

對於傳統零售商來說，要想在這突破性商業時代中建立永續經營的終極優勢，就必須立刻著手轉變傳統的經營模式，以適應新的環境和變化。唯有如此，才能開拓出一個燦爛的未來！

陳望

新零售浪潮，全球視野下的零售革命：

無印良品 × 星巴克 ×IKEA× 雀巢咖啡 × 聯合利華，當產業進入消費者主權時代，關於零售巨頭的策略解析與趨勢預測！

作　　者：陳望

發 行 人：黃振庭

出 版 者：崧燁文化事業有限公司

發 行 者：崧燁文化事業有限公司

E-mail：sonbookservice@gmail.com

粉 絲 頁：https://www.facebook.com/sonbookss/

網　　址：https://sonbook.net/

地　　址：台北市中正區重慶南路一段六十一號八樓 815 室

Rm. 815, 8F., No.61, Sec. 1, Chongqing S. Rd., Zhongzheng
Dist., Taipei City 100, Taiwan

電　　話：(02)2370-3310

傳　　真：(02)2388-1990

印　　刷：京峯數位服務有限公司

律師顧問：廣華律師事務所 張珮琦律師

國家圖書館出版品預行編目資料

新零售浪潮，全球視野下的零售革
命：無印良品 × 星巴克 ×IKEA×
雀巢咖啡 × 聯合利華，當產業進
入消費者主權時代，關於零售巨
頭的策略解析與趨勢預測！ / 陳望
著 .-- 第一版 .-- 臺北市：崧燁文
化事業有限公司 , 2024.03
面；　公分
POD 版
ISBN 978-626-394-002-4(平裝)
1.CST: 零售業 2.CST: 商店管理
3.CST: 銷售管理
498.2　　113000909

定　　價：399 元

發行日期：2024 年 03 月第一版

◎本書以 POD 印製
Design Assets from Freepik.com

電子書購買

臉書

爽讀 APP